U0014591

# 古董鋼筆典藏特輯

第一本古董鋼筆
中文版專書

# Vintage Pens Collection

《賞味文具》編輯部——著

陳妍雯、陳宛頻、許芳瑋、梁雅筑、鄭維欣——譯

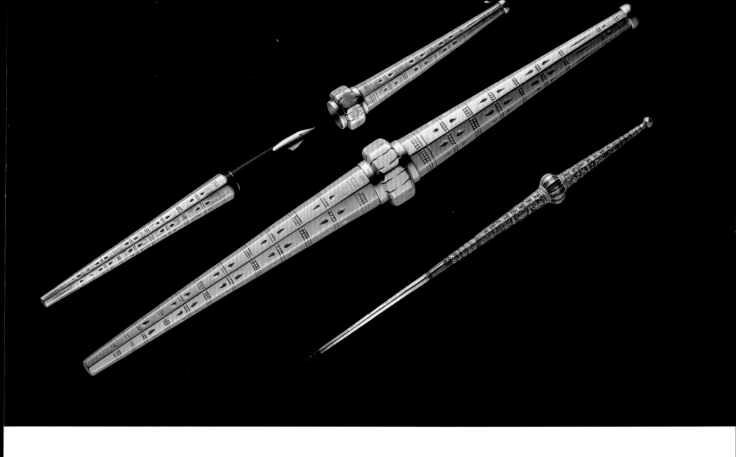

## 作者簡介

### 《賞味文具》編輯部

一群自小便喜愛文具，長大後，變成迷戀文具的人。除了文具的實用性，也越來越重視美感與設計理念，希望能將高質感的設計文具，推薦給讀者們。

## 譯者簡介

### 陳妍雯

東吳大學日文系畢業，目前為專職譯者。旅居日本中，譯有生活、藝文、社會等領域之書籍與雜誌。譯作有 《Montblanc 萬寶龍鋼筆典藏特輯 》(合譯)、 《最後的秘境 東京藝大》、《向巴黎大叔學人生》等。

### 陳宛頻

輔大跨文化研究所翻譯學碩士班畢業，現為全職譯者。

### 許芳瑋

熱愛在不同文字間琢磨。
咖啡、貓咪和音樂，就是工作時的最佳夥伴。

### 梁雅筑

日本筑波大學研究所畢業，現為東京上班族。

### 鄭維欣

輔仁大學翻譯學碩士肄業，1994 年起從事翻譯工作。代表作有《羅馬人的故事》系列 (三民書局)、《失智症照護基礎篇》(日商健思)、《城市的遠見 - 古川町》(公共電視臺)、《Montblanc 萬寶龍鋼筆典藏特輯》(華雲數位)、《精品筆嚴選 500》(華雲數位)等。

※ 按照姓氏筆畫排序。

編輯序

# 穿越時空的珍貴逸品

　　1920 ～ 50 年代正是鋼筆蓬勃發展的時期，各家品牌林立，並且因為當時還不是機器大量生產的年代，有許多手工打造的精緻鋼筆。筆桿、握位、筆尖、筆蓋、天冠等等，每一個細微處都能感受到工匠的技術之美，古董鋼筆的世界，越是投入了解，就越讓人深深著迷。

　　早期的鋼筆多以手工為主，因此生產數量十分稀少，而後又經歷戰爭洗禮，隨著時光流逝，能夠完好地留存下來的鋼筆已然不多，本書所收錄的筆款，有不少是幾乎已經消失在市場的夢幻逸品。

　　曾聽過一位鋼筆玩家提起，他曾經蒐集了不少賽璐珞鋼筆，有一天整理收藏時他才突然發現，因為不耐台灣濕熱天氣，這些花費許多心力網羅而來的賽璐珞鋼筆已經全部融化了，實在非常令人惋惜。本書收錄的筆款，有部分是文具店老闆為了防止各種可能產生的污染，從買來的那一刻就直接將墨水匣拆下，甚至一次也沒使用過地完整保存下來，如今才能完美地拍下其美麗之處。

　　雖然主要是以古董鋼筆為主，也有部分報導了古董原子筆跟古董鉛筆。除此之外，本書同時收錄各種質感收納用品，包括適合擺在書房桌面的高級收納盒，還有從此再也不用煩惱要帶哪支筆出門的大容量筆袋（在聚會上分享自己的收藏時也很好用喔！）最後特別收錄的經典鋼筆墨水，就讓我們透過圖鑑式的呈現，來重新回顧一下有哪些錯過的好墨水吧。

　　那麼，希望購買本書的讀者，都可以盡情享受賞味文具的樂趣！

華雲數位 《賞味文具》編輯部

※ 本書所介紹之產品，部分商品為報導當時限定品，價格或庫存可能變動，請讀者選購前先向店家確認。
※ 本書介紹之萬寶龍古董筆，其部分內容同時收錄於《Montblanc 萬寶龍鋼筆典藏特輯》。
※ 本書收錄單元皆引用自《趣味の文具箱》雜誌內容。

# CONTENT

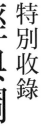

古董鋼筆專賣店

### Pen Cluster 當間清孝先生的古董鋼筆LOVE
## 「最愛Soennecken！」

**當間清孝先生**
於2006年創業的東京銀座古董鋼筆專賣店「Pen Cluster」的店長，在製作原創鋼筆上也投入了不少精力。

**Pen Cluster**
東京都中央区銀座1-20-3
ウインド銀座Ⅱビル3F
TEL：03-3564-6331　公休：週日～週二
營業時間：平日12:30～19:00
（週末及例假日～18:00）

---

## 古董鋼筆魅力的入門指南

### 能夠吸引人的，終究還是超越時空的奧妙世界

### 賽璐珞就是漂亮

1930～50年代，是賽璐珞全盛期，幾乎可以說提到樹脂，指的必定就是賽璐珞。「尤其50年代是以賽璐珞筆桿的鋼筆為主流，所以出現各種五彩繽紛、變化多端的筆桿。就連萬寶龍也推出過如今無法想像、各種顏色和造型的賽璐珞鋼筆。此外，如同50年代推出的Soennecken111和222系列所展現的，古董賽璐珞鋼筆擁有許多連製作方式都無人知曉、無法於現代重現的精緻美麗花紋，這正是其魅力所在。」

### 知道什麼是Soennecken嗎？

古董鋼筆的黃金時代（1920～50年代），存在比現在更多的鋼筆品牌。「能與已經不存在的品牌所製作的名筆邂逅，也是古董鋼筆的魅力。知名度不高的Soennecken，是德國第一個生產鋼筆的品牌。雖然他們大約在1960年左右停產鋼筆，但凝聚了獨特技巧和巧思的設計相當美麗，是我個人最喜愛的品牌。我最近有點迷上了英國的『Ford's Pen』，那和Onoto相仿的外觀，以及考究的雙層結構筆桿都很有趣。」

浮現立體方塊的獨創花紋，是1950年代Soennecken的蜥蜴紋路樣式。

### 我也是收藏家

生產國、顏色和尺寸等各有不同、變化多端的筆款，具有收藏樂趣。即使想要也不見得能立刻入手，所以能感受尋寶的樂趣；而即使找到了，依據鋼筆狀態，對個體的印象也大有不同，這正是古董鋼筆的特色。「賽璐珞筆桿可能會因經年累月而褪色，所以色彩飽和度很重要。我向來都會尋找接近發售當時顏色、色彩較為飽和的古董鋼筆。」「像MONTBLANC 146這種長銷至今的筆款，則能夠品味鋼筆細節隨時代改變的樂趣，例如六角白星、刻印和筆尖的變化。只標誌於1920、30年代波西米亞貴金屬系列（Precious Metal）特製鋼筆的琺瑯製六角白星，光是欣賞就讓人陶醉不已。」

**Soennecken的魅力**

**筆桿之美**
將賽璐珞抽成絲線狀後交織而成的人字紋款式，是1950年代Soennecken的傑作。

**獨家系統 按壓活塞式**
完成吸墨的同時會發出「喀嚓」按壓聲的獨家系統。「有許多顧客在聽到這聲響後，就不由得掏錢買下了。」

**什麼是古董鋼筆？**

**1970～80年代初期的鋼筆**
鋼筆界大多慣稱有30年以上歷史的鋼筆為古董鋼筆；隨著時代演進，這項定義也逐漸普及。自己經歷過的時代和古董鋼筆存在的時代重疊，也會增加賞玩時的樂趣。

古董鋼筆專賣店

# EuroBox 藤井榮藏先生的古董鋼筆LOVE
# 「能接觸到前人的意念。」

**藤井榮藏先生**
東京銀座古董鋼筆專賣店「EuroBox」的店長，也投注心力在鑑定蒔繪鋼筆。

**EuroBox**
東京都中央区銀座1-9-8奧野ビル407
TEL：03-3538-8388
公休：週日、週二、週三、週五
營業時間：11:30～18:00

---

## 書寫前的準備工作很有趣

「古董鋼筆是經過不斷改良的歷史產物，目的在於製造更加便利的鋼筆。雖然使用之後，會發現有些鋼筆非常不方便，或有著莫名奇妙的設計，然而諸如望遠鏡式、潛艇式和負壓式等，在嘗試錯誤後產生的各種上墨機構，總是不斷挑起我的好奇心。」古董鋼筆告訴了我們書寫之外的樂趣所在，例如握筆時的欣喜和吸墨時的趣味。

能夠把玩令人驚奇的有趣上墨機構，例如墨水瓶倒插握位的自動吸入式（左方照片）和潛艇式（右方照片）等，也是古董鋼筆的醍醐味。

## 凝聚於鋼筆的時代氣息

認識古董鋼筆，同時也能接觸當時的文化。某些鋼筆具備因應時代需求而生的色彩或外觀，某些則使用了技術進步所孕育的素材。運用只有該時代才有的材料，透過各個時代最新技術所誕生的鋼筆，高度凝聚了當時的文化、思維和氣息。「因為在無數人的手中輾轉，所以古董鋼筆可能經過修理，筆尖也可能受到磨耗損傷。可能被視為幫手極其受到愛護，也可能被以錯誤方式對待，這些我們都無法得知。但是，能夠去想像古董鋼筆如何誕生，一直以來又是被什麼樣的人使用，不認為這是種樂趣嗎？」

在戰爭期間，西華（SHEAFFER）製的鋼筆，都裝配了稱為「軍用夾」的短小筆夾。

擁有維多利亞時代鉛筆，是紳士淑女的地位象徵。可將鍊子穿過筆上的圓環，栓在皮包上。

## 令人欽佩的工匠技藝

正因為不是機器生產的時代，所以才誕生了許多就效率層面來看並不划算，但精緻而費工的鋼筆。硬質橡膠、賽璐珞或金屬製的鋼筆，還有以蒔繪或漆加工的鋼筆，和現有鋼筆相比，由工匠手工製作的部分較多，能夠邂逅可以感受到工匠精神的極品。1920～30年代，以水人（WATERMAN）和西華為首，包括梅比陶德（Mabie Todd）和康克林（Conklin）等眾多品牌，推出了反映裝飾藝術時代和新藝術式美術風格的手工金屬雕刻裝飾鋼筆。「可以說工匠耗費了多少功夫，也是評斷古董鋼筆價值的條件之一。」

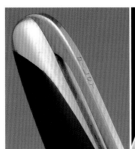

漆面和金屬面無縫銜接的百樂（PILOT）Ultra Super。

戰前的古董鋼筆幾乎都有手工雕刻的裝飾。此為康克林的傑作。

## 14K金筆尖的柔韌度有所不同

「古董鋼筆的筆尖大多是14K金製，但質感卻和現有的14K金筆尖明顯不同。決定性的差異點在於彈性。古董鋼筆有股帶黏著感的彈力，給人筆尖所含成分和現在鋼筆不同的印象。」而且古董鋼筆的筆尖種類也相當豐富。在尊重個性的歐美，並不存在正確握筆方式之類的規範，因此持續出現針對各種握筆方式和用途的筆尖需求。「像毛筆一樣柔軟的筆尖、複寫用的堅硬筆尖，以及尖端呈現球狀的球形筆尖等等，能夠將現代鋼筆無法帶來的感受握在手中，這份喜悅是巨大的魅力。」

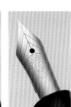

1930年代百利金（Pelikan）100系列的型錄。款式比現代豐富多了。

極度堅硬的DF筆尖，是為了複寫專用而製作的筆尖。

為速記而製作的筆尖，銥點非常小。

# 備受矚目的品牌×時代

為了更加深入奧妙的古董鋼筆世界，希望能先簡要地掌握古董鋼筆世界中的經典筆款，以及最近備受矚目的筆款。針對備受矚目的時代和品牌組合，請教了EuroBox的藤井先生的意見。

---

2位數系列（1950～60）

MONTBLANC 72

MONTBLANC 24

Meisterstück（1930）　矚目！

139

Classique（1970）　矚目！

MONTBLANC 320 經典黑

Denmark MONTBLANC（1940～50）　矚目！

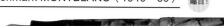

MONTBLANC 244 亮綠大理石

MONTBLANC 212 珊瑚紅

# MONTBLANC ×

矚目！

**'50～'60　'30　'40～'50**

1950～60年代的2位數系列，還有1930年代的Meisterstuck擁有難以動搖的人氣。特別是2位數系列，筆尖相當柔軟，並且採用了活塞式機構，非常易於使用。從價格平易近人的24，到有金製筆蓋的74，由於有豐富的筆款，因此也有大量收藏家。比起1950～60年代，1930年代的138和139較難找到狀況良好的古董鋼筆，因此價格也較高。最近備受矚目的是1940～50年代的Denmark MONTBLANC和1970年代的經典系列（Classique）。國外出了一本Denmark MONTBLANC的專書，相當受到關注。Denmark MONTBLANC之中，具備有趣設計元素者不在少數，例如獨特筆夾和天冠造型，以及富有個性的珊瑚紅等，但在市面流通的數量相當稀少。後者則是易於使用的筆款，特徵是沿襲了2位數系列翼尖設計的柔軟筆尖。1萬日圓左右的親民價格也是其魅力所在。

---

400系列（1950）

Pelikan 400 綠紋

140系列（1950）　矚目！

不妨也看看和400系列同為1950年代所製造的140系列。這系列筆款的筆尖和400系列相同，筆桿則小了一號。綠色條紋是經典象徵。

# Pelikan × '30～'50

1950年代的400系列，是擁有龐大人氣的百利金古董鋼筆。堅固的筆桿和柔軟的筆尖，相當易於書寫。棕色條紋款表現穩定而富有人氣，經典的綠色條紋款流通數量多，因此也能找到較為便宜的筆款。藤井先生推薦的優秀筆款是1950年代的140系列。該系列採用和400具有相同彈性的筆尖，是筆桿較細較短的縮小尺寸。雖然筆桿以綠色條紋為主，款式較少，但這個以400系列半價左右在市面流通的親民筆款，也相當受到矚目。

---

PARKER 75（1970）　矚目！

PARKER 75 青金石

PARKER 51（1950）

PARKER 51 紫紅

DUOFOLD（1930）

DUOFOLD 深紅

# PARKER × '30　'70

矚目！

30年代的多福（DUOFOLD）具有難以動搖的人氣，雖然正紅色的知名度很高，但柑橘黃作為稀有筆款，也相當為人所知。較難找到狀況良好的20年代筆款。70年代的PARKER 75依據製造國（美、英、法）不同，規格也有所不同，包含限定產品在內，有50種以上的款式，十分有趣。機構單純且易於書寫，個人很推薦。PARKER 51的特色是暗尖結構的偏硬筆尖，也有多種款式，是值得賞玩的系列。

### No.7系列
WATERMAN
No.7 波紋筆桿

### 52
52-1／2V 樞機紅

Patrician（1920）

Patrician 祖母綠

# WATERMAN × '20～'30

在鋼筆的創世紀達到全盛期的水人，自20世紀初期到1920、30年代間有許多名筆。尤其是在1920年代經濟大恐慌時期推出的Patrician堪稱逸品。以1920年代裝飾藝術風格為基調的優雅設計，擁有許多筆迷，由於現存數量稀少而價格昂貴。No.7是劃時代的系列，以「滿足所有鋼筆使用者」為目標，分為7種顏色，每種顏色的筆尖字幅和軟硬度都不相同。

---

### 平衡筆款／Lifetime 矚目！

Lifetime 深綠條紋

Lifetime 深綠玉石

### PFM系列（1950）

PFM-V 黑色

### Targa系列（1970～80） 矚目！

Targa 1004X純銀

# SHEAFFER
矚目！ × 矚目！
'20～'30 '50 '70～'80

連藤井先生都打包票表示：「至今為止並未受到高度關注的鋼筆中，也有許多名筆，是個希望大家務必使用看看的品牌。」品質穩定且具有高人氣的，是擁有5種筆款的50年代製PFM。包含採用特殊潛艇式上墨機構的筆款在內，其特徵為整體完成度高且易於書寫。值得關注的是鋼筆全盛時期的平衡筆款──Lifetime和1979～80年代初期的Targa。前者雖然是20年代的筆款，但能穩定出墨，且拉桿式上墨機構也便於操作而易於書寫；接近當前鋼筆的偏硬筆尖，以及豐富的款式也是其魅力所在。後者也推出了各種款式，是值得賞玩的筆款。

---

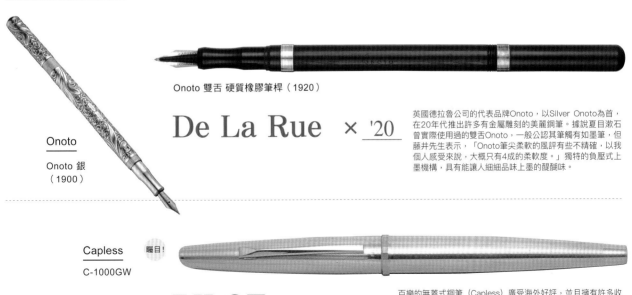

Onoto 雙舌 硬質橡膠筆桿（1920）

### Onoto
Onoto 銀
（1900）

# De La Rue × '20

英國德拉魯公司的代表品牌Onoto，以Silver Onoto為首，在20年代推出許多有金屬雕刻的美麗鋼筆。據說夏目漱石曾實際使用過的雙舌Onoto，一般公認其筆觸有如墨筆，但藤井先生表示，「Onoto筆尖柔軟的風評有些不精確，以我個人感受來說，大概只有4成的柔軟度。」獨特的負壓式上墨機構，具有能讓人細細品味上墨的醍醐味。

---

### Capless 矚目！
C-1000GW

# PILOT × '60～'80

百樂的無蓋式鋼筆（Capless）廣受海外好評，並且擁有許多收藏家。任何年代的無蓋式鋼筆都很受歡迎，尤其劃時代的按壓式系統更是相當受到關注。其他70年代的名筆，像是有著從筆尖到握位一體成形的流線型筆桿的Myu和Justus等，這些擁有獨特機構的鋼筆，在海外受到比日本更壓倒性的熱烈支持。藤井先生掛保證道：「從拿出筆到開始書寫，只需要單手就能完成，這樣的操作性能只有『完美』能夠形容。」

從當前產品到安全筆，網羅了新舊文具的東京新宿 KINGDOM NOTE。本單元請店家以型錄的方式，介紹近期真正暢銷的古董鋼筆。

## KINGDOM NOTE暢銷款
# 近期人氣古董鋼筆型錄

文具專賣店

KINGDOM NOTE的近期動向

# 「1970年代的商品和鉛筆最近很受歡迎」

**KINGDOM NOTE**
全年無休 ※元旦除外
東京都新宿區西新宿1-13-6
浜夕ビル2F
TEL：03-3342-7911
公休：元旦
營業時間：11:30～20:30

東京新宿的文具專賣店「KINGDOM NOTE」的店長樺澤廣志先生。在網羅了新品和寄售品的該店，古董鋼筆的比例約佔3成。

KINGDOM NOTE店內以萬寶龍產品最有人氣。「以1970年代時10來歲到20來歲的顧客為中心，他們或許是出於懷舊情感，因此尋求購買過去曾嚮往的鋼筆，使1970年代的鋼筆大受歡迎。萬寶龍受歡迎到兩排的MONTBLANC 146、149，在年尾年初時能一口氣賣光。Pix也很受歡迎，銀色筆桿書寫起來相當順暢。」看來性能穩定的1970年代古董鋼筆相當受到矚目。

※2018年9月店址遷移，由於實際採訪時間在2014年，故照片中所拍攝為舊店址的樣貌。

**1920年代**
**MONTBLANC／#30 安全筆**
**115,500日圓**

安全筆採用鋼筆早期的上墨方式，將筆尖收納於筆桿，以滴入方式注入墨水。字幅KEF。

**1950年代**
**MONTBLANC／**
**Masterpiece#146G**
**84,800日圓**

主要輸出至國外的「Masterpiece」，是有著帶斜度筆夾、圓弧形尾栓環和柔軟筆尖，勾人心癢的初期筆款。字幅14C / M。

**1950年代**
**MONTBLANC／**
**Masterpiece#142**
**灰紋126,000日圓**

稀有灰紋花樣和柔軟筆尖為其魅力所在。象牙色的六角白星也值得關注。字幅F。

**1960年代**
**MONTBLANC／#14黑色**
**27,300日圓**

樹脂筆桿加上山形筆蓋環和18C飛翼式暗尖，柔韌的筆尖富有魅力。字幅M。

**1970年代**
**MONTBLANC／#121 勃艮第**
**17,800日圓**

2位數系列中10位數系列的後繼筆款。雅緻的設計和柔軟筆尖富有魅力，也推薦作為入門鋼筆。字幅EF。

**1930～50年代**
**MONTBLANC／銀色Pix #720**
**Design4 59,800日圓**

銀色Pix很受歡迎，無筆夾設計，是適合隨身攜帶用於寫記事本的逸品。芯徑1.18mm。

**1950年代**
**Pelikan／#400N 茶紋**
**88,800日圓**

生產期間約半年至1年的稀有筆款，淺棕色筆桿相當美麗，茶色條紋很受歡迎。字幅OF。

**1950～60年代**
**Pelikan／#400NN 綠紋**
**14,800日圓**

於戰後百利金的黃金時代推出的400系列最終型態。筆桿是美麗的淺綠色條紋花樣。字幅F。

**1970年代**
**Pelikan／#400NN M&K**
**綠紋21,800日圓**

由百利金的關係企業MERTZ＆KRELL公司推出的400NN復刻筆款。硬質橡膠製的筆舌，以及富有韻味的筆桿顏色為其魅力所在。字幅F。

**1930年代**
**PARKER／DUOFOLD**
**珍珠＆黑色 15,800日圓**

多福的旋轉式鉛筆，芯徑為1.18mm。擁有美麗賽璐珞筆桿的稀有筆款。

**1960～70年代**
**PARKER／#75Cisele**
**平頂8,400日圓**

擁有平坦天冠的#75Cisele早期筆款，可配合書寫角度調整筆尖。字幅M。

**1970年代**
**PARKER／#75 彩虹**
**34,800日圓**

在黃銅上以18K金包覆了數層打造而成，筆桿美得讓人不禁為之著迷。

**1970年代**
**PILOT／Elabo**
**軟細字（初期型）**
**15,750日圓**

Elabo的早期款式，將其獨特筆致和現有筆款做比較，也是件趣事。

**1940年代**
**SHEAFFER／**
**Lifetime**
**N0.300綠條紋**
**10,500日圓**

筆桿的條紋花樣，以及彷彿吸附在手上的溫潤賽璐珞筆桿，是其魅力所在。芯徑0.9mm。

**1930年代**
**Eversharp／Lady Ring**
**Top Type**
**鍍金 希臘紋**
**11,800日圓**

無筆夾，恰好能一手掌握的可愛尺寸和精緻的工藝也是其魅力。芯徑1.18mm。

**1940年代**
**Eversharp／Skyline**
**黑色 14KYGF 5,800日圓**

採用按壓式機構的1.18mm鉛筆，賽璐珞搭配鍍金的簡單組合也很引人矚目。

# 古董鋼筆的名品

認識古董鋼筆

同時也能接觸當時的文化

無論是經歷時代淬煉的古董鋼筆

還是限量經典款式的中古鋼筆

越深入了解這個世界

越能感受其中的奧妙與迷人魅力

※ 本書所介紹之產品，部分商品為報導當時限定品，價格或庫存可能變動，請讀者選購前先向店家確認。

※ 本單元介紹之萬寶龍古董筆，其部分內容同時收錄於《Montblanc 萬寶龍鋼筆典藏特輯》。

※ 收錄單元皆引用自《趣味の文具箱》雜誌內容。

超越時代的傳統和進化的歷史

# MONTBLANC 110年的名品列傳

這個較其他筆款大了一輪的白星標誌及筆夾，主要用於Meisterstück及限量品等高級筆款，可以說是傳說中的白星標誌。於1906年創業同時開發的Rouge et Noir系列，2016年迎來第110年，傳說中的白星標誌也因此復甦。

1908年，萬寶龍的前身Simplo Filler Pen Company，打造出一款筆蓋印有紅色標誌的鋼筆，並將品牌名稱命名為「Rouge et Noir」；長久以來廣受愛戴的萬寶龍，極具歷史意義的鋼筆就此誕生。之後萬寶龍便立於業界龍頭之位，2016年更是迎來創業110週年。曾經歷兩次世界大戰的萬寶龍，究竟是如何跨越苦難的時代，持續不斷地製造鋼筆呢？趁此時機，讓我們透過千姿百態的名品，一同回溯、縱覽萬寶龍這110年的浩瀚歷史。

萬寶龍涉獵廣闊、底蘊深奧：一說到萬寶龍，有些經典筆款便不能不提。本次除了整理出代表性筆款的中古價品，也會介紹一部分高價品，希望讓各位體會到鋼筆於各個世代的進化與流行，以及傳承下來的傳統。

Meisterstück
No.25
Safety
Stöffhaas
1924年

Writers系列
Agatha Christie
1993年

Heritage Collection
Rouge et Noir
Special Edition
2016年

撰文／藤井榮藏　攝影／北鄉仁　報導年份：2016年9月
產品協助：EuroBox　※各標價為2016年9月時EuroBox的含稅價。

016

# 1910～1930年代 (戰前)

萬寶龍在戰前開發了擁有按壓式、望遠鏡式等獨特上墨機構的鋼筆。

洋溢著懷舊風情的專用筆盒。裡面附有介紹手冊及使用說明書。

**No.6 Rouge et Noir 安全筆**
**1911年　1,250,000日圓**

這支No.6 Rouge et Noir製造於1911年，萬寶龍公司登記「MONTBLANC」商標之後。鋼筆為旋轉式，特色是天冠上無圖樣的紅色標誌以及單螺紋。屬於超級珍稀品。

**No.6 波紋紅 滴入式上墨**
**1920年左右　590,000日圓**

滴入式上墨的鋼筆因製造期間不滿10年，留存數量極少，而波紋紅的No.6更是珍藏等級的逸品，市場價格也高昂出眾，是收藏家嚮往的珍品。

**No.12 安全筆　1922年　1,400,000日圓**

萬寶龍最大的安全筆筆款。雖然不算實用，不過從收藏家的角度來看，是等同於Rouge et Noir的極致鋼筆。筆尖的長度為5公分，尺寸超乎一般規格。

**Meisterstück No.25 安全筆 STÖFFHAAS**
**1924年代後期　390,000日圓**

於文具店STÖFFHAAS販售的筆款，刻有STÖFFHAAS的Logo，白朗峰標誌的內側則刻有首字母「S」。

**No.4 珊瑚紅 望遠鏡式　1924年**
**530,000日圓**

拉開筆尾，將手指塞入筆尾的孔洞中，往前一推便能壓縮橡皮活塞，放開手指，橡皮活塞便會回縮並吸入墨水。因為類似Chilton鋼筆的上墨方式，所以又稱為氣動式 (Pneumatic)。

**No.4 安全筆 14K 純金**
**1920年代後期　880,000日圓**

對萬寶龍收藏家來說，此筆款是無論如何都想入手的逸品。純金製的筆蓋及筆桿，均以手工雕刻精緻的紋樣。S (Sarastro) 字樣的刻印，代表萬寶龍的正統鋼筆。

**Meisterstück No.25 酒紅色**
**1929年　430,000日圓**

同為單色系的筆款中，酒紅色亦屬特別出眾的顏色。通常為收藏家之間私下交易，行蹤十分隱密，是極少出現在中古市場的珍奇筆款。

**Meisterstück No.L30 黑&珍珠白**
**1931年　470,000日圓**

筆蓋頂端有如魚雷般流線型造型的筆款，因為僅製造幾年，所以非常稀少。其中想尋找有L記號的奢華筆款更是難上加難。另外也有天冠為黑色的筆款。

**Meisterstück No.40 珊瑚紅**
**1931年　390,000日圓**

此筆款僅於1931年至1935年間製造，之後的製造地便轉移至丹麥。德國製的筆款，筆蓋相當直；丹麥製的則為圓錐狀。

# 以年表縱覽開創新紀元的筆款

**[ 1920 ]**　　**[ 1910 ]**　　**[ 1906創業 ]**

### 1920年
### 拉桿式

拉桿式的筆款約於1922年左右導入，不過製造期間非常短，1930年便停產。款式有如照片中鍍金屬及七寶燒的豪華筆款、波紋硬質橡膠筆款等。

---

**萬寶龍**
**有許多的副牌**

萬寶龍有許多類似副牌或店牌，（將店名作為品牌名稱）的筆款，也就是現在所謂的代工品牌（OEM）。與許多店家，例如DIPLOMAT、REFLEX、TATRA等都有合作。

---

### 1920年
### 旋轉式鉛筆

旋轉式的鉛筆於1920年起開始製造，構造相當簡單，只要旋轉筆尾，便能將筆芯自連結筆尾的鐵芯管中推出。初期為硬質橡膠製。

### 1911年
### 滴入式上墨

滴入式上墨的筆款於1911年開始製造，爆發第一次世界大戰時暫時停產，直到1920年之後才又再度生產。早期波紋紅的筆款數量幾乎等於零，照片為1920年左右的產品。

### 1910年左右
### 最初期的安全筆

將收納在筆桿中的筆尖旋轉出來使用的安全筆，誕生於1910年。由於不會漏墨，相當安全，因此命名為安全筆（Safety）。最初期的天冠是無圖樣的白色或紅色。照片中的No.2是1910年左右最初期的筆款。

白色無圖樣的天冠為1914年以前，尚未有白星標誌的最初期筆款。

### 1908年
### Rouge et Noir（滑動式）

Rouge et Noir是Simplo Filler Pen Company時代開發的第一個品牌名稱，鋼筆也別具歷史意義。最初的筆尖為按壓式，照片則是1911年的旋轉式。

上方照片的無圖樣紅色標記，為Simplo Filler Pen Company時代的第一個商標；下方照片的星形標誌則是1914年以後的商標。

---

**[ 1970 ]**　　**[ 1960 ]**　　**[ 1950 ]**　　**[ 1940 ]**

### 1975年
### Noblesse系列
### （貴族系列）

貴族系列誕生自於1975年，直到1981年停產為止，共推出6種款式，在日本的銷量也就不錯。擁有適度彈性的筆尖，很適合書寫日文。

### 1971年
### Traditional系列
### （傳統系列）

進入1970年代後，內部構造更加簡化的傳統系列便登場了。筆桿雖承襲1960年代的風格，不過筆尖較硬一些。1980年代則延續為經典系列。

傳統系列的筆尖，變得較大且硬。

### 1960年
### 二位數系列 Meisterstück

二位數系列是由1950年代以前的舊型號搖身一變，以都會風格的嶄新外形再度登場。上墨方式也採用全新的機構，較以往的筆款更容易使用得多。

二位數系列的筆尖為有護套的翼尖，多為軟質筆尖。

### 1952年
### Meisterstück
### No.149

14X系列最大支的No.149，初次登場是在No.146發售三年後的1952年。當時採用望遠鏡式活塞上墨的筆款，吸墨量可高達3.3CC。

### 1951年
### 金屬筆蓋的
### Meisterstück

樹脂筆桿搭配金屬筆蓋的鋼筆，於1951年初次登場。黑色筆桿主要銷往日本國內市場，綠色、灰色等彩色筆桿基本上均銷往日本海外。

### 1940年
### 戰後型
### Meisterstück
### （No.146）

現今眾所周知的尖頂天冠及獨特流線外形的筆款，誕生於1949年。最初為146及144，後繼筆款為142及149。現代的14X系列依舊承襲這種外形，是至今難以撼動的旗艦筆款。

參考文獻：Collectible Stars（Stefan Wallrafen / Jens Rösler共著）

展望點綴萬寶龍 110年歷史的歷史性筆款。這裡的年份為各鋼筆首次發售的
年份（照片為同時期的同型筆款）。

**1930**

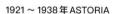

### 1936年 望遠鏡式

望遠鏡式活塞雖然是較其他廠商慢一步推出的活塞上墨機構，不過優點在於較大的吸墨量。主要用於大師傑作系列；一般的活塞上墨機構則是1934後才推出。

### 1934年 Pix 鉛筆

按壓尾栓部分就能推出筆芯的按壓式鉛筆，於1934年登場。名稱的由來來自於按壓時會發出的特殊聲響。到1970年為止已生產多種款式。

### 1929年 按壓式

按壓式上墨為萬寶龍獨家的上墨機構，主要用於大師傑作系列。筆桿上刻有「CHEF D'OEUVRE」刻印的為專銷法國的外銷品。

### 1924年 壓泵式（氣壓式）

使用軟木塞活塞的壓泵式，似乎是與氣壓式（氣動式）同時開發的上墨方式。由於構造複雜，因此無法量產，是支夢幻鋼筆。

### 1924年 Meisterstück（大師傑作系列）

第一支Meisterstück誕生於1924年。由於銷往美國、法國、義大利等國家，名稱也有Masterpiece、Chef d'oeuvre、Capolavolo等不同念法。

---

### 1921～1938年 ASTORIA

原萬寶龍的員工離職自立後創立的筆廠，產品評價相當好，非常受歡迎。1932年由萬寶龍將其收購。

### 1919～1947年 STÖFFHAAS

STÖFFHAAS文具店是萬寶龍第一家共同經營的店，店裡的書寫用具均為萬寶龍製造。

---

**2010** / **2006 100週年** / **2000** / **1990**

### 2013年 Heritage Collection（傳承系列）

傳承系列1912是將1912年誕生的旋轉式安全筆革新後，重新復甦的筆款。筆夾及白星標誌均搖身一變為嶄新的樣式。

### 2006年 100週年紀念筆款

復刻1906年開發當時的Rouge et Noir（滑動式），可說是極具歷史意義的筆款。

### 2000年 Bohéme Collection（寶曦系列）

寶曦系列為2000年開始發售的系列，包含Rouge、Marron、Noir等色彩繽紛的款式。

### 1999年 75週年紀念筆款

為紀念大師傑作系列誕生75週年，於1999年發售的筆款。除了有價值數百萬日圓的純金製筆款，還有149、146、計時碼錶等多種款式，種類超過數十種。

### 1996年 Donation Pen（音樂家贊助系列）

為了對古典音樂界有貢獻的藝術家表示敬意，推出一系列的限量品。銷售所得的一部分作為捐贈。

### 1992年 Writers系列／Patron of Art系列（文學家系列／藝術贊助系列）

讚頌擁護、推廣文化藝術的人士的「藝術贊助系列」，以及頌揚在世界文學方面有貢獻的偉大作家的「文學家系列」，均始於1992年。

### 1989年 Meisterstück Fineline

18K金製Meisterstück 1467與1988年發售的1497一樣，均為「大師傑作」系列的頂峰。1980年代末期時，其他廠商也不落人後，一起推出黃金製的高價品。

### 1998年 Generation（世代系列）

替代持續至1993為止的經典系列，筆桿也承襲經典系列的設計，沒有太大的變化。

### 2015年 MONTBLANC M

將馬克·紐森的理念「時尚與未來的永恆優雅」具現化的鋼筆。將筆桿水平擺放時，萬寶龍的白星標誌會自動對齊筆蓋。

### 2003年 StarWalker Collection（星際旅者系列）

特色是裝設在天冠的圓頂，以及漂浮於圓頂的白星標誌，是相當革新的筆款。

**III.Solitaire No.B 石青藍 1932年**
570,000日圓

於經濟大恐慌時期製作的低成本筆款,也稱為III.Solitaire。在「MONT BLANC」文字的兩端,刻印著III字樣。石青藍的筆款極為珍稀,市場價格也相當高昂。

**No.L53 黑色&珍珠白鉛筆 1932年**
170,000日圓

與Meisterstück No. L30成對的鉛筆,由於製造年限極短,因此所剩數量也非常稀少。另外也有天冠無圖樣的款式,均為收藏家垂涎的極珍稀筆款。

**No.333-1/2 珍珠紅 1935年 250,000日圓**

333-1/2雖為普及款,不過現在中古市場上出現的幾乎都是黑色筆桿的筆款,照片中的大理石紋樣筆款極為稀少,市場價格也大幅高漲。

**Meisterstück No.124S 大麥紋&線條**
**1935年 300,000日圓**

筆蓋及筆桿的表面有大麥紋及線條紋樣加工。刻印在序號後的「S」字樣,代表德語Schraffiert(線畫)的首字母。線條紋樣的「S」筆款極為稀少。

**No.324 孔雀石綠 1935年 260,000日圓**

324原本為普及款,不過若是超稀少的孔雀石綠筆款,市場價格便一躍而上。按鈕式上墨,將筆尾的尾栓取下後,按壓金屬按鈕便能吸入墨水,是超珍稀筆款。

**Pix No.72G PL 鉛筆 1936年 108,000日圓**

Pix鉛筆雖然為數不少,但No.72G PL白金筆款,卻是難能一見。此型號為1936年製,有Platinum Line條紋樣的稀少筆款,使用的筆芯為1.18mm。

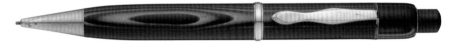

**No.234-1/2 珍珠褐 1937年 260,000日圓**

No.234-1/2珍珠褐筆款大約只生產3年,因此留存數量非常少。深淺分明的褐色與珍珠白交織相映,是支非常美麗的鋼筆。上墨方式為活塞上墨。

**Meisterstück No.138 1938年**
**300,000日圓**

白星標誌非設置於天冠上,而是在筆蓋正面的極稀少異類鋼筆。《Collectible Stars》一書中也有介紹同款的No.126,根據作者的說法,目前僅存數量只有3支。可能是量產原型?!

**Meisterstück No. L139G 1941年**
**380,000日圓**

Meisterstück No. L139被譽為王道中的王道,限量版海明威也以此筆款為原型。望遠鏡式活塞上墨,吸墨量高達3.6CC,相當傲人。

**No.326 黑綠 Chevron(V字紋) 1944年左右**
**380,000日圓**

寬幅的直線呈V字交錯的特殊紋樣,稱為Chevron(V字紋),是西班牙製的獨家款。推測製造於終戰前的非常時期,數量極少,因此價格也格外高昂。

# 1940～1950年代（戰後）

戰爭結束後，隨著新科技的發展，鋼筆也隨之變革；新舊風格同時存在，亦為此時代的特色。

### No.334 1/2 黑色 1948年 38,000日圓

中古市場上較為常見的筆款，有單環、雙環、無環的不鏽鋼筆尖等各種款式。旋轉式上墨，適合作為萬寶龍古董鋼筆的入門筆款。

### Meisterstück No.146 黑色 1949年
108,000日圓

1949年登場的Meisterstück筆款，幾乎採用柔軟的筆尖。這種柔軟有韌度的彈性筆尖，甚至有人稱之為「極致的筆尖」。愛用者非常多。

### Meisterstück No.144 綠條紋 1949年
290,000日圓

即使同樣是條紋（線條），樣式也千差萬別，不會有一模一樣的圖案。特別是這種線條平行且顏色分明的樣式，更是極為珍稀，市場價格也較一般的條紋筆款更高昂。

### Meisterstück No.144 銀色大麥紋 1949年
330,000日圓

純銀製的Meisterstück非常少見，雖然另有貴金屬款式的筆，不過此為筆蓋上有萬寶龍標誌刻印的原廠正品，900鎳銀製。

### Masterpiece No.142 灰條紋 1952年
190,000日圓

在歐美國家，像這樣的直條紋樣稱之為striated。142灰條紋僅生產7年，數量是條紋筆款中最少的，不過人氣非常高。

### Meisterstück No.149 1952年
290,000日圓

這支No.149是14X系列最大的筆款，材質為賽璐珞。觀墨窗有長、短二種；上墨方式為望遠鏡式，較為獨特，不過習慣後便容易上手。

### Masterpiece No.142/No.172 K套組 綠條紋
1952年 290,000日圓

由深淺分明的綠色線條交織而成的賽璐珞筆桿，相當華貴美麗。筆桿上刻有Made in Germany字樣的是外銷品，還刻有印度進口貿易公司JB的商標。此為筆盒裝的豪華版2件套組。

### Pix No.172 淡綠色 1952年 83,000日圓

這種近似艾草綠的奇妙綠條紋，名為淡綠色（Palegreen），是條紋筆桿中相當稀少的顏色。此筆款是與14X系列鋼筆成套的鉛筆，就等級而言，可說是最高級的Pix鉛筆。使用1.18mm筆芯。

### No.115 灰條紋 原子筆 1958年 65,000日圓

灰色深淺分明的條紋紋樣，格外美麗。只有天冠是無圖樣的灰色，不過這才是此筆款的原創正品。使用方式是滑動筆夾中央的拉桿。

### No.246 紅色V字紋西班牙製 1950年代
360,000日圓

V字紋的筆款只有西班牙製，沒有德國製。筆桿為賽璐珞製，有紅、藍、綠三種顏色；另外有有觀墨窗及無觀墨窗的筆款。此筆款極為珍稀。

## Meisterstück No.744
### 純金 1951年
### 430,000日圓

金屬部分全為14K純金製，相當奢華的Meisterstück筆款。所有零件均有585字樣的刻印，保證書上也有記錄744 Gold585，是蓋有銷售店章的貴重品。

## Meisterstück No.742N
### 包金 大麥紋
### 1951年
### 138,000日圓

74X系列的所有筆款製造年數都非常短，是很珍貴的存在。這支742N大麥紋僅生產6年，搭載擁有適當彈性的翼尖。

## Meisterstück No.644N 黑色 1954年
## 118,000日圓

644N黑色的生產年數僅有3年，非常地短。筆尖有名為「球形筆尖」的圓球狀銥點，照片中的這支筆筆觸非常纖細柔軟。有Masterpiece字樣刻印的是外銷品。

## Meisterstück No.642N 綠條紋 1954年
## 168,000日圓

642N彩色筆桿的鋼筆均為外銷品，筆蓋口刻有Masterpiece刻印。此筆款是鍍金筆蓋搭配條紋筆桿的夢幻逸品，筆蓋為滑動嵌合式 (slip on)。

## No.246 虎眼紋 1950年
## 250,000日圓

由於紋樣近似老虎的眼睛，因此稱為虎眼紋。虎眼紋非常受歡迎，但比起線條更接近木頭年輪的紋樣。

## Pix No.272K 虎眼紋 1952年 78,000日圓

這支短版的Pix鉛筆是與246鋼筆成套的筆款。在型號的橫向右側，刻印著德語中表示短版之意的詞彙Kurz的首字母K。

## No.264 黑色 1954年 43,000日圓

這支筆款的生產年數也只有3～4年，非常地短，因此現存數量極少。鋼筆多為較其他筆款更軟的筆尖，很適合喜愛軟質筆尖的愛好者。筆蓋為旋開式。

## No.216 珊瑚紅 丹麥製 1955年 85,000日圓

萬寶龍自1935年起，開始於丹麥製造。而21X系列筆款是20X系列在1934年停產後，引入的後繼款；216則是此系列最大的筆款。

## No.256 黑色 後期型 1957年 98,000日圓

25X系列的所有筆款都僅維持不到3年便結束了生命。雖然是平衡感佳的人氣筆款，但狀態良好的鋼筆卻非常少。此為後期型，觀墨窗為藍色，KM尖。

## No.254 酒紅色 1957年 35,000日圓

25X系列搭載著筆觸柔軟，別名「烏賊尖」的翼尖。照片中的筆筆蓋有傷痕。

## Monte Rosa 042G 灰色
## 1954年 33,000日圓

以學生等年輕世代為目標族群的筆款，另有鍍金筆。特色是仿白星標誌的飾環。

## No.252 綠色 1957年 45,000日圓

這支筆是25X系列最小的筆款，觀墨窗為藍色的後期型。4種顏色中，灰色和綠色並列為珍稀色。保存狀態很好。

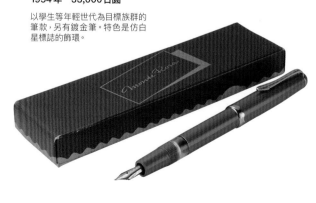

# 1960年代

進入1960年代後,萬寶龍的製品也產生驟變。容易上手的
結構、嶄新的風格等,各方面都迎來了變革。

**Meisterstück No.92 14K 純金條紋 1960年**
**250,000日圓**

1960年代,型號為二位數的筆款,俗稱二位數筆款。92為二位數筆款中等級最高的14K純金筆桿,各個零件也分別刻印著代表14K金的585字樣。

**Meisterstück No.94 18K 純金 大麥紋 1961年**
**330,000日圓**

筆蓋環雖然標示德文「MEISTERSTÜCK」,不過筆夾上有MADE IN GERMANY刻印的筆款其實是外銷品。純金筆款中,有大麥紋雕飾的筆款特別稀少。

**Meisterstück No.82 包金 1960年**
**58,000日圓**

二位數系列的鋼筆大多為柔軟的筆尖,特別是個位數為2的小型筆款,多數是軟質筆尖。大約幾十支筆中有一支的比例,筆尖更是異常柔軟。

**Meisterstück No.72 酒紅色 1960年**
**48,000日圓**

型號中的7代表鍍金筆蓋,個位數數字則表示尺寸,這裡的2即為小型之意(4代表大型)。在日本銷售時,2作為女性用,4為男性用。筆的狀態非常好。

**Meisterstück No.74/No.75/No.78 黑色 3件套組**
**1960年 128,000日圓**

72、74等金色筆蓋及樹脂製的筆款,比高一等級的全鍍金筆款人氣更高,其中74的人氣更是出類拔萃。數字5表示筆芯的粗度(0.92mm),8代表原子筆。

**Meisterstück No.14 灰色 1960年**
**35,000日圓**

二位數系列的彩色筆桿筆款,基本上均為外銷品。似乎是因為德國國內以黑色為主流,彩色筆桿的銷量並不佳。灰色與綠色並列為珍稀色。

**Meisterstück No.12 酒紅色 1960年 33,000日圓**

12在大師傑作系列中的等級最低。大師傑作系列通常搭載18C的筆尖,較低等的普及筆款則為14C。黃色觀墨窗上也有Meisterstück刻印。

**No.24 綠色 1960年 30,000日圓**

24為普及筆款。普及筆款的筆尖為14C,觀墨窗為藍色;雖然拆解很簡單,但也容易造成筆尖銥點錯位或握位破損,所以並不建議拆解,重新組裝也需要技巧。

**No.22 黑色 1960年 38,000日圓**

22和24同樣都是普及筆款,不過22是小型尺寸。這支鋼筆有銥點為圓球狀的球形筆尖,雖然球形筆尖並非軟質筆尖,但照片中的這支筆卻特別柔軟。

No.23　黑色　1960年頃　50,000日圓

這支23雖然也有在日本販售，但由於沒有資料，因此詳細資訊不明。筆蓋的紋樣是由五條線向上呈放射狀散開，非常特殊。筆桿和22相同，是十分奇妙的筆款。

No.32　灰色　1961年　25,000日圓

普及筆款中等級最低的筆款。十位數字為3的廉價筆款均為旋開式筆蓋，筆尖為小型的彈性筆尖（Intarsia Nib），大部分偏硬。

Meisterstück No.146　革新款（Transition Model）
1960年左右　140,000日圓

146於1960年左右曾暫時中止生產，再次復活約在超過10年後的1973年左右。這支146製造於這兩段時期之間，混合了1950年代與1960年代款式的零件，屬於原型級的筆款。

Meisterstück No.149 18C　1960年代中期
98,000日圓

活塞機構的墊圈只有一面磨圓，是1960年代生產的樣式。此一時代的活塞機構為氣壓式，筆尖多富有彈性、比一般筆尖柔軟；顏色為18C的金、白、金三色。

# 1970年代

進入1970年代後，萬寶龍導入了卡式墨水管及吸墨器。鋼筆的型態也搖身一變，進入了新時代。

No.1286　白K金 750　1971年
270,000日圓

白K金（White Gold）製的1286是1970年代的最高等級筆款。所有的零件，甚至是筆夾，都有750字樣刻印。更高級的還有白金（Pt.）款，不過還未曾出現在中古市場上。

No.1886　白K金 750　原子筆　1971年
170,000日圓

1286鋼筆套組中的原子筆。僅於1971年至1973的3年間生產，是極為罕見的筆款。與1286有同樣的刻印。

No.1266　銀色　1971年　49,000日圓

銀製的1266，是傳統系列中人氣最高的筆款。筆尖為白K金製。

No.1246　鍍金　1971年
45,000日圓

與1266一樣是傳統系列的高級筆款之一。1970年後期時的價格為24,900日圓，等級幾可匹敵Meisterstück 149的價格28,000日圓。筆尖均為硬質尖。

No.224　霧面黑　1975年
15,000日圓

筆蓋、筆桿、握位均以霧面塗層加工，持握感佳，屬於實用性鋼筆。作家松本清張也曾使用這支鋼筆一段時期。筆尖為14K金，微硬，活塞上墨式。

Noblesse No.1147　包金　1975年
15,000日圓

1147是1975年推出的貴族系列第一支鋼筆，也是1970年代居於萬寶龍產品代表性地位的一款。筆尖同時存在偏硬及柔軟的款式，照片中的鋼筆是微硬筆尖。

No.0121　黑色　1970年左右
15,000日圓

1960年代及1970年代之間生產的Transition Model，據說1970年左右有少量販售。大師傑作系列等級，握位及筆尖（18C）可與二位數系列的筆款互換。

**Meisterstück No.149　1970年代中左右**
78,000日圓

從14C中白雙色筆尖、無縱溝的筆舌、斜肩的一體型筆夾等樣式，可以推測這支149是1970年代中期左右製造的筆款。有適度彈性的柔軟筆尖，非常受歡迎。

# 1980～1990年代

進入1980年代後，以貴金屬打造的高級品或限量筆款也
逐漸增多。在這段時期，鋼筆一口氣高級品化。

**Meisterstück No.144　酒紅色　1984年**
28,000日圓

繼1982年推出黑色筆桿後，於二年後的1984年發售了酒紅色，定價為25,000日圓。這是第一支非活塞上墨式的大師傑作系列鋼筆，不過價格意外地比貴族系列還低。

**Meisterstück No.1467　18金製　細字　1989年**
650,000日圓

Meisterstück 1467與1497並駕齊驅，為此一時代的雙雄。生產至1993年為止，1994年後以12149（白金製）及1469（18金雙色）替代而停產。重量為57公克。

**Meisterstück No.146　酒紅色　1992年**
58,000日圓

一開始的名稱是「146 Meisterstück 紅色」，1996年起改名為「146 LeGrand 酒紅色」。2000年左右停產，不過評價相當好，至今依然大有人氣。

**Patron of Art Lorenzo de' Medici（藝術贊助系列
羅倫佐・德・麥迪奇）　1992年　570,000日圓**

藝術贊助系列的第一支鋼筆，優美而高雅，無論哪一方面都還沒有能超越它的鋼筆，人氣名列第一。由8位工匠職人製作，因此有8種紋樣。Lorenzo de' Medici在此一系列中的價格也是相當超群。

**Writers Edition Hemingway（文學家系列　海明威）**
1992年　270,000日圓

自1992年發售以來，海明威系列中的人氣居高不下，其他筆款難以望其項背。除了筆尖外，包含筆蓋在內的所有零件均以梨地噴砂加工，匠心獨具。

**Meisterstück Solitaire No.1465 Vermeil　1994年**
110,000日圓

筆桿是在純銀基底上以黃金鍍層的Vermeil（銀鍍金）筆款。筆桿表面以鑽石切割工法雕琢的極細條紋，洋溢高級感。筆桿有重量感。

**Meisterstück Solitaire No.22146
Tsar Nicholas I世（尼古拉一世）　1997年　180,000日圓**

以黃金鍍925銀的Vermeil（銀鍍金）筆款。筆蓋使用尼古拉一世的妻子亞歷山德拉所愛的孔雀石綠。22146與20146 Ramesses II（拉美西斯二世）一樣稀少。

**Meisterstück 誕生75週年紀念
No.114 Mozart（莫札特）　1999年　88,000日圓**

這支鋼筆是自大師傑作系列的發售年1924年起算，於迎接75週年的1999年發售的限量筆款。天冠的白星標誌為珍珠貝母製，筆夾為玫瑰金鍍層，限量1924支。

# 從1900年到1980年代
# 萬寶龍人氣古董筆入門款

## 編輯部推薦的焦點款式

現代找不到的柔軟筆尖、讓人心生嚮往的早年設計、激勵蒐集興致的夢幻作品。歡迎大家進入充滿魅力的古董鋼筆世界，仔細賞玩品味。
在這裡要從東京‧銀座的古董鋼筆專門店「EuroBox」的現有商品中，介紹適合古董筆入門者購買，流通率也比較高的萬寶龍產品。

採訪協助 / EuroBox　攝影 / 北鄉仁

# MONTBLANC

### 萬寶龍
—

萬寶龍古董筆的特性，可說全集中在深奧無窮的筆尖上了。有的韌性十足，有的筆觸纖細柔軟，只要說得出來，不怕找不到想要的鋼筆。

### 無可替代
### 146

這是1950年代的大師傑作系列之一，筆尖柔軟纖細，出類拔萃。那纖滑又舒適的感觸，深深吸引著萬寶龍迷，是無可挑剔的絕品。
1950年‧80,000日圓

1950年代初期型星形商標全採用象牙白色。

60年代二位數系列的特徵在於有護套覆蓋的筆尖。有人把這種筆尖稱作蝴蝶筆尖。

### 觸感纖細的翼尖
### 72 Black

萬寶龍古董筆之中最受大眾歡迎的一個款式。這種筆尖被稱做翼尖，觸感柔軟又纖細，據說只要喜歡萬寶龍的人，最後一定會買上一支。金色與黑色的對比顯得精緻誘人。
1960年代‧45,000日圓

翼尖最大的特徵是大幅擺動時也不會往兩側扠開。

### 韌性極佳的翼尖
### 256 Black

翼尖的筆觸是這款產品的最大關鍵。缺點是筆蓋材質有些脆弱，但是筆觸的美好可以彌補這項缺陷。其中尤以球形筆尖更是受到萬寶龍迷的重視。
1950年代‧88,000日圓

### 最適合萬寶龍入門者
### 320 Classique Black

這款鋼筆適合初次接觸萬寶龍古董筆的人。價格親民。筆尖偏軟，可以充分感受萬寶龍古董筆的感觸。卡水、吸墨器兩用式。
1970年代‧12,000日圓

洽詢：EuroBox TEL 03-3538-8388 www.euro-box.com　報導年份：2009年12月
注意：刊載的資料是以2009年11月時的資訊為準。定價方式會隨商品的狀態與稀有價值而改變。(各標價皆為含稅價)

# VINTAGE MONTBLANC

## 就是想要!往年的萬寶龍

萬寶龍每個世代的產品都各異其趣,很能引發大家的收藏欲望。本篇便從東京·銀座的古董筆文具專賣店「EuroBox」豐富的存貨中,經過一番精挑細選,介紹諸多值得收藏的古董筆。想要嘗試踏進這個圈子的人、忍不住還想再來一支的人,一定能夠在這裡找到喜好的鋼筆。

攝影 / 北鄉仁

洽詢:EuroBox
TEL FAX 03-3538-8388
URL www.euro-box.com

注意:刊登的資料以2005年9月底為準。定價方式會隨商品的狀態與稀有價值、是否有說明手冊、盒子等附加價值而改變(各標價皆為含稅價)。

## FOUNTAIN PEN
## 鋼筆

## 1920 年代〜 1940 年代

White Star

4LONG　　138

安全筆(旋轉式)
打開筆蓋後,旋轉尾栓讓筆尖露出筆桿。

### 4 LONG
120,000 日圓　1920 年代　F
[套筆蓋] 142mm [使用] 190mm
安全筆(旋轉)式、黑色硬質橡膠製。
採用滴入式上墨。經過80年的歲月依舊滑順。

### 25
235,000 日圓　1920 年代　M
[套筆蓋] 132mm [使用] 180mm
安全筆(旋轉)式、黑色硬質橡膠製。
星形商標特別大。保存狀態極佳。

### 1 SHORT
98,000 日圓　1920-29 年　EF　[套筆蓋] 99mm [使用] 135mm
安全筆(旋轉)式、黑色硬質橡膠製。雖然體積小、筆尖的觸感細緻順手。

### 122PL
220,000 日圓　1935 年左右　F　[套筆蓋] 120mm [使用] 140mm
尾栓按壓式、超稀有紋樣的銀珍珠筆桿。
流線型的珍珠紋樣與整體的輪廓十分美艷。

### 122G
95,000 日圓　1935 年左右　F　[套筆蓋] 124mm [使用] 145mm
尾栓按壓式、黑色硬質橡膠製。
有一點日曬痕跡、讓人緬懷過去的優秀商品。

### 134
118,000 日圓　1935 年左右　SB　[套筆蓋] 128mm [使用] 151 mm
望遠鏡式、長觀墨窗、樹脂製筆桿。
觀墨窗較長、相對比較稀有的款式。

### 136
138,000 日圓　1937 年左右　M　[套筆蓋] 128mm [使用] 151mm
望遠鏡式、樹脂製筆桿。尺寸男、女都適用、是標準型的產品。

### 138
180,000 日圓　1939 年左右　M　[套筆蓋] 135mm [使用] 157mm
望遠鏡式、有一點長的觀墨窗。
生產時期有限的CN筆尖在歐美相當受到重視。

### 30
78,000 日圓　1935-46 年　EF　[套筆蓋] 135mm [使用] 157mm
尾栓按壓式、丹麥製造、珊瑚紅樹脂製筆桿的大型鋼筆。
星形商標有少許變色。

報導年份:2005年10月
※F、M、EF等標記代表筆尖的筆幅(書寫的線條粗細)以及種類。各種標示的定義如下:
EF=極細字　F=細字　M=中字　B=粗字　O=傾斜字　K=Kugel(球形銥點)

# 1950年代

White Star

204    144    742N    252

**204**

68,000 日圓　1950–54 年　M　[套筆蓋] 134 cm [使用] 156 cm
尾栓按壓式、丹麥製造、珊瑚紅樹脂筆桿。有相對比較柔軟的筆尖。

**149**

190,000 日圓　1950–54 年　EF　[套筆蓋] 144 cm [使用] 156 cm
最初期型的望遠鏡式、黑筆桿。
筆尖有適當的彈性，劃在紙上時的觸感柔軟。

**146**

58,000 日圓　1950 年代　F　[套筆蓋] 135mm [使用] 155mm
望遠鏡式、黑筆桿。特徵是附有彈性的筆尖，在140開頭的系列中
特別受到買家歡迎。

**144**

48,000 日圓　1950 年代　B　[套筆蓋] 131mm [使用] 148mm
望遠鏡式、黑筆桿。喜歡#149、#146但覺得筆桿太粗的人，正好適
合這一支筆。

**142**

45,000 日圓　1950 年代　OB　[套筆蓋] 127mm [使用] 142mm
望遠鏡式、黑筆桿。軟飄又有韌性的筆尖是這個系列專屬的特色。

**146**

158,000 日圓　1949–60 年　F　[套筆蓋] 135mm [使用] 157mm
#146的綠色條紋筆桿是超稀有的產品。而且保存狀況十分良好。
望遠鏡式、賽璐珞製。

**144**

138,000 日圓　1949–60 年　EF　[套筆蓋] 129mm [使用] 148mm
稀有的綠色條紋筆桿。望遠鏡式，和上列的#146一樣是賽璐珞製。
筆桿有極輕微的拗折痕跡。

**142**

125,000 日圓　1952–58 年　KF　[套筆蓋] 12.6mm [使用] 14.5mm
望遠鏡式、稀有的綠色條紋筆桿。為什麼這樣美麗的筆沒有重新生產的
計畫呢？

**742N**

110,000 日圓　1951–56 年　OB　[套筆蓋] 128mm [使用] 143mm
望遠鏡式、全金箔。採用筆觸柔韌、外型獨特的翼尖。

**642**

65,000 日圓　1952–56 年　OBBB　[套筆蓋] 131mm [使用] 140mm
望遠鏡式、金箔筆蓋和黑色筆桿醞釀出美麗的對比。筆觸柔軟。

**244**

45,000 日圓　1948–49 年　M　[套筆蓋] 128mm [使用] 149mm
活塞上墨式、黑筆桿。金色簡明設計的筆尖具有韌性，軟硬適中。

**244**

138,000 日圓　1950–54 年　M　[套筆蓋] 128mm [使用] 149mm
活塞上墨式、超稀有的珍珠灰色條紋筆桿。下筆時橫線細、直線粗
的筆尖。

**256**

55,000 日圓　1957–59 年　M　[套筆蓋] 133mm [使用] 147mm
活塞上墨式、黑筆桿。外柔內韌，具有彈性的翼尖。難道現代找不到
這樣的鋼筆了嗎？

**254**

48,000 日圓　1957–59 年　F　[套筆蓋] 130m [使用] 141mm
活塞上墨式。稀有的灰色筆桿，幾乎沒有使用過的良品。採用的是柔軟的翼尖。

### 252
25,000 日圓　1957–59 年　OM　[套筆蓋] 127mm [使用] 140mm
活塞上墨式、黑筆桿。適合想要筆尖柔軟的小型鋼筆的人。
筆尖是OM尖，但可以調整成M。觀墨窗是水藍色材質。

### Monte Rosa O42G
28,000 日圓　1954–56 年　M　[套筆蓋] 127mm [使用] 142mm
灰色筆桿屬於較為少見的顏色。筆尖堅韌筆觸良好，保存也不錯。活塞上墨式。

### Monte Rosa O42
28,000 日圓　1957–60 年　F　[套筆蓋] 127mm [使用] 142mm
綠色筆桿也是很少見的。貼有標籤，幾乎沒使用過的良品。活塞上墨式。

### 342
18,000 日圓　1957–60 年　B　[套筆蓋] 127mm [使用] 142mm
與Monte Rosa尺寸幾乎完全相同。筆尖柔軟又有韌性。活塞上墨式、黑筆桿。

# 1960 年代～ 1970 年代

**White Star**

72　　126

### 84
65,000 日圓　1960–70 年　KM　[套筆蓋] 136mm [使用] 150mm
1960年代Meisterstück產品之一。全金箔的豪華版商品，翼尖。

### 72
32,000 日圓　1960–70 年　OB　[套筆蓋] 130mm [使用] 142mm
護套型的握位環繞下的筆尖，是中段朝外擴張的翼尖。活塞上墨式、黑筆桿。

### 14
28,000 日圓　1960–70 年　F　[套筆蓋] 136mm [使用] 150mm
1960年代的二位數翼尖，比1950年代的翼尖要纖細很多。
活塞上墨式、黑筆桿。

### 22
30,000 日圓　1960–70 年　F　[套筆蓋] 130mm [使用] 142mm
少見的灰色筆桿。有些人會把1960年代的翼尖稱做蝴蝶筆尖。活塞上墨式。

### 32S
18,000 日圓　1967–70 年　B　[套筆蓋] 130mm [使用] 143mm
這是連筆尖的前半段都被握位固定的類型，筆尖的觸感偏硬。
活塞上墨式、黑筆桿。

### 34
15,000 日圓　1961–70 年　F　[套筆蓋] 135mm [使用] 146mm
廉價版的產品，但是比較少見的綠色筆桿。筆尖觸感偏硬。
活塞上墨式。

### 1286
250,000 日圓　1971–73 年　B　[套筆蓋] 135mm [使用] 147mm
就連萬寶龍行家也多半沒見識過的超稀有作品。白色18K合金。

### 1246
55,000 日圓　1971–77 年　F　[套筆蓋] 135mm [使用] 145mm
活塞上墨式、全面金箔但有開衩的類別。筆觸比1960年代的翼尖還要
稍微硬一些。

### 126
38,000 日圓　1971–75 年　M　[套筆蓋] 135mm [使用] 145mm
筆桿也有開衩的少見類別。白色18K合金筆尖。活塞上墨式。

### 221
12,000 日圓　1971–79 年　EF　[套筆蓋] 135mm [使用] 145mm
卡水、吸墨器兩用式、黑筆桿。筆尖從前半段開始固定，筆觸或多或少
有點硬。

### Carera 522

13,000 日圓　1971–79 年　F　[套筆蓋] 135mm [使用] 145mm
卡水、吸墨器兩用式。不知為什麼在北美洲暢銷的、黃筆桿鍍白金筆尖鋼筆。

### Junior 622

13,000 日圓　1971–75 年　F　[套筆蓋] 137mm [使用] 149mm
活塞上墨式、天藍色筆桿。觀墨窗的部分開有小窗口，挺雅致的。
雖然是廉價版產品，但出乎意外的少見。

### 1157

15,000 日圓　1976–80 年　F
[套筆蓋] 138mm [使用] 155mm
Noblesse (貴族系列) 其中一款。卡水、吸墨器兩用式。
全面金箔但外觀纖細，帶有都會風格的設計。14K金筆尖。

### 149

55,000 日圓　1980 年左右　1970年代末～80年代
初期　F [套筆蓋] 148mm [使用] 169mm
活塞上墨式、黑筆桿。14C雙色筆尖，筆觸比現行
產品柔軟。

# FOUNTAIN PEN INK
# 鋼筆用墨水

### No.24

3,500 日圓　1950年代　58ccm (2oz)
讓人印象深刻的六角形墨水瓶，高約70mm。
明確標示著「Permanent」字樣的藍色墨水。

### No.18

4,000 日圓　1960 年 代　1/32Ltr
裝在60年代常見的玻璃瓶內的國王藍色墨水
（上述售價是裝著墨水時的價錢）。

### No.29

5,500 日圓　1950 年 代　1/12Ltr (3oz)
50年代的靴型墨水瓶頗受好評。
這瓶墨水的顏色是藍黑色。

# PENCIL
# 鉛筆

### 10

45,000 日圓　1920 年代　1.18mm [Size] 135mm
硬質橡膠製。質地輕盈，像一般鉛筆一樣的八角形筆桿，
非常容易使用。附有裝備用筆芯的盒子。

### Streamline

85,000 日圓　1935–55 年　1.18mm [Size] 120mm
在Streamline的Pix之中也很稀有的菱形圖案產品。也是順手好用的實用作品。

### 72G

35,000 日圓　1935–50 年　1.18mm [Size] 119mm
硬質橡膠製。蛇形筆夾和立體造型的中央筆環調和得十分美麗。
適合實用的Pix。

### 72/2

75,000 日圓　1950 年代　1.18mm [Size] 11.9 cm
超稀有的銀灰色珍珠筆桿。而且保存狀況超級完好，無懈可擊的絕品。

### 172

58,000 日圓　1952–58 年　1.18mm [Size] 125mm
少見的綠色條紋筆桿。和眾多Pix產品相較，一樣屬於最高等級。

### 176

38,000 日圓　1958–59 年　1.18mm [Size] 124mm
混合了1950和1960年代2種設計的貴重Pix。
全日本可能只有兩三支，足以讓蒐集者垂涎覬覦。

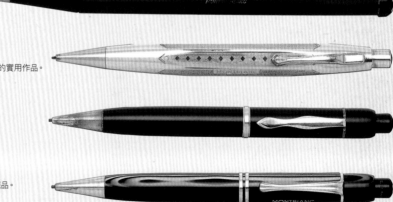

※1.18mm／ 0.92mm是鉛筆的筆芯直徑。
※EuroBox有經手1.18mm的2B、4B特製筆芯商品。

### 276

13,000 日圓　1957-59 年　1.18mm [Size] 126mm
滑動上半截筆桿操作的稀有類型。
這種類型的特徵是滑動的感覺很沉重。

### 35

25,000 日圓　1961-70 年　0.92mm [Size] 132mm
超稀有的灰色筆桿,而且幾乎沒使用過的極佳產品。
非常難有機會見到。

### 36S

19,000 日圓　1966-70 年　1.18mm [Size] 132mm
稀有的灰色筆桿。幾乎沒使用過的極佳產品。
灰色、銀色與金色的均衡感非常灑脫。

### 25

22,000 日圓　1971-73 年　0.92mm [Size] 132mm
少見的綠色筆桿。有不少人認為,二位數系列的筆夾造型十分美觀。

### 1686

195,000 日圓　1971-73 年　1.18mm [Size] 132mm
在市場上難得一見的超稀有商品,白色18K合金Pix。保存狀況極佳。

### 1596

195,000 日圓　1971-73 年　0.92mm [Size] 132mm
18K金全金屬製造。在1970年代的Pix之中屬於最高級檔次的
產品之一。豪華的良品。

# BALL PEN
# 原子筆

### 115

68,000 日圓　1958-59 年　[Size] 122mm
相當於鋼筆中的Meisterstück,最高級的原子筆。天冠非常美麗。
滑桿式。

### 315

15,000 日圓　1958-59 年　[Size] 125mm
勃艮地酒紅筆桿的可愛原子筆。滑桿式。

### 98

195,000 日圓　1961-70 年　[Size] 128mm
豪華的14K金全金屬吸引著大眾的視線,1960年代最高級的
原子筆。保存狀況也最佳。

### 88

30,000 日圓　1961-70 年　[Size] 128mm
滑桿式。全金箔。整體有不少使用刮痕。

### 18

14,000 日圓　1961-70 年　[Size] 12.9 cm
滑桿式,使用後插在胸前口袋時,會自動滑動,將筆芯收入筆桿裡。
保存狀況良好。

### 28

13,000 日圓　1961-71 年　[Size] 129mm
滑桿式。較為少見的勃艮地紅色筆桿。保存狀況良好。

### Pix·O·mat

18,000 日圓　1960 年代　[Size] 132mm
外層鍍鉻。整體有使用磨耗。滑桿式。

### 184

38,000 日圓　1971-73 年　[Size] 128mm
滑桿式。全面金箔的高級品。替換筆芯可以在EuroBox購買。
保存狀況極佳。

### 690

10,000 日圓　1971-79 年　[Size] 134mm
在這個時代按壓式的原子筆反而少見得讓人驚奇。
刻有商標的黑筆桿。

### 1947

13,000 日圓　1974-77 年　[Size] 138mm
鍍白金的無筆蓋產品。
幾乎沒有使用過的絕佳商品。

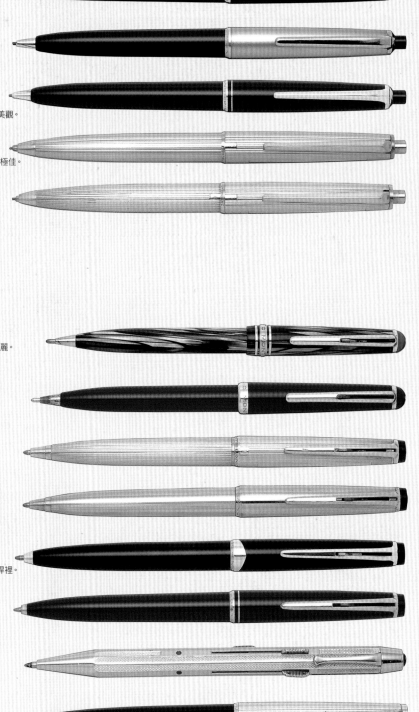

報導年份:2005年10月
※某些型號的原子筆備用筆芯,可能已經無法在市面買到,但是在EuroBox還有機會買到手。

高尚貴氣的大理石＆白金＆條紋

# 古典萬寶龍
# 誘人的彩色紋樣筆桿

大理石紋樣的萬寶龍鋼筆初次登場，約在1911年左右，當時的筆桿還是斑紋橡膠（硬質橡膠）製。進入1920年代後期後，色澤美麗的賽璐珞問世，萬寶龍也為各種筆款導入不同的色彩紋樣。

這邊列舉的大理石＆條紋樣式的鋼筆，均是由1920年代至1950年代間生產的製品蒐集而來，幾乎網羅了所有代表性的筆款。其中有些筆款極具研究價值，雖然並不是所有的筆款在市場上都有明訂的價格，不過可以說這也是萬寶龍的特色。

總而言之，賽璐珞筆桿由複雜色彩交織而成的特有紋樣，絢麗多姿，令人目不暇給，難以轉移目光。

Vintage
MONTBLANC

Marbled
Platinum
Striped

撰文／藤井榮藏（EuroBox）　攝影／北鄉仁
報導年份：2014年9月

# 繽紛的彩色紋樣種類

古典萬寶龍的彩色紋樣，可分為「大理石」、「白金」、「條紋」三大類。「大理石」是指銀灰色×黑色的年輪紋樣；而不同於直線般清晰的直條紋，帶有層級狀紋樣的橫條紋，歐美國家通常稱之為「Striated」，不過此處統稱為「條紋」。

**No.C III 石青藍（帶白色）**
1934～35年 290,000日圓

雖然是正處於經濟大恐慌時期所製作的低成本筆款，但石青藍筆款的剩餘數量卻非常少。此款也稱為「III.Solitaire」筆款，筆桿的Logo兩端有III的字樣。

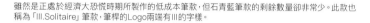

**No. A III 珍珠&黑色 大理石**
1932～34年 140,000日圓

「III.Solitaire」筆款，沒有金屬飾環，天冠的商標也不是嵌入式而是陰刻式，極力降低成本。這些鋼筆筆尖的△記號內，可以看見A、B、C等刻印。

**224 綠色 大理石**
1935～43年 230,000日圓

製造時雖然是二線品，但在古董鋼筆中，224 綠色大理石的評價可是非常地高。深綠色的色澤，不會褪色，是支非常美麗的鋼筆。

**224 白金 銀灰色**
1935～43年 170,000日圓

此筆款登場於1930年代初期，由銀灰色與黑色形成，乍看之下宛如樹木年輪般的紋樣稱為「白金」。賽璐珞製的筆桿，在萬寶龍眾多筆款中也是非常搶眼的存在。

**Masterpiece 146 淡綠 條紋**
1949～60年 290,000日圓

雖然同樣是綠色條紋，不過類似艾草綠的奇妙淡綠色，在綠色條紋筆款中，也是數量稀少的貴重品。飾環上的標示是英文「MASTERPIECE」。

**Masterpiece 146 綠色 條紋**
1949～60年 320,000日圓

許多綠色條紋的筆款，白色部分會特別顯眼，不過這支筆的條紋是直線排列無交錯，因此白色的部分較少。筆蓋和筆桿同是如此簡約紋樣的筆非常罕見。

**246 棕色 條紋（虎眼）**
1950～54年 270,000日圓

這款暱稱為「虎眼」（Tiger Eye）的筆款，特色是彷彿樹木縱切時的年輪紋樣。因為曾在電影《永遠的三丁目的夕陽》（ALWAYS 三丁目の夕日）中登場，因此人氣非常高。

**246 灰色 條紋**
1950～54年 250,000日圓

240系列有棕色及灰色，歐美國家以Stripe或Striated（條紋）稱之，二種都屬於條紋筆桿。特色是不同於140系列的大片紋樣。

**Masterpiece 644 綠色 條紋**
1954～56年 180,000日圓

淺綠色與深綠色複雜地交織融合，形成美麗的條紋花樣。相較起來，是深淺較為顯眼、艷麗的條紋筆桿。搭配金色筆蓋，相互輝映。

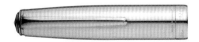

# 多種上墨機構同時存在的
# 1908年～1930年代

萬寶龍自1908年開始量產以來，開發了各式各樣的上墨機構並量產化。從黎明期開始到1930年代為止，彩色紋樣筆桿的上墨機構可謂琳瑯滿目。這裡所舉的都是代表性的上墨方式，其中有不久便消失的，也有持續至今的，表現出各個時代的需求，十分有趣。

**當時存在的上墨機構（★＝參考下述）**

滴入式
★安全式
拉桿式
★壓泵式（氣壓式）

★按鈕式（Push Button）
★按壓式（Push Knob）
★活塞式
★望遠鏡式

---

## 安全式

萬寶龍自創業初期就有的代表性上墨方式，也導入於最初的量產品中。由於不會漏墨，因此命名為安全式。使用時，先將筆桿內吸滿墨水的筆尖旋出。

**原型 紅&黑 硬質橡膠**
**1910年代 150,000日圓**

擁有看不出是量產品的Logo，推測應是原型。

## 壓泵式（氣壓式）

基本上是指壓的方式，近似於西華的「觸壓式」（Touchdown）。也稱為「氣動式」（Pneumatic），不知為何很快便消失了。上墨方式是將筆尾拉出，再一口氣往下壓，吸入墨水。

**4F 紅&黑 硬質橡膠**
**1924年左右 參考品**

連萬寶龍總公司也僅留存幾支的珍貴逸品。

---

## 按鈕式

它的基本構造與派克（PARKER）的按鈕式完全相同。壓下金屬棒，筆桿內的橫片便會擠壓墨囊，於回彈時吸入墨水。

將筆尾的尾栓取下，便能看見按鈕。

**324 石青藍（帶白色）**
**1935～37年 270,000日圓**

雖然不是傑作系列，但石青藍筆款的市場價格相當高。

## 按壓式

基本上與按鈕式一樣，不過不用取下尾栓。輕輕壓下筆尾，筆桿內的橫片便會擠壓墨囊，於回彈時吸入墨水。

只需要上下按壓筆尾，便能吸飽墨水。

**25 Masterpiece 綠色大理石**
**1939～43年 230,000日圓**

丹麥萬寶龍自傲的傑作系列。天冠較高。

---

## 活塞式

這種取下尾栓的活塞上墨方式，長期採用於1930年～1950年。活塞為軟木塞製，因此每隔幾年就必須更換。

**333-1/2 橫條紋藍色**
**條紋 原型**
**1935年左右 280,000日圓**

橫條紋筆款均為原型筆款，從未在市場上出現，是珍藏逸品。

## 望遠鏡式

萬寶龍於1936年開發的獨家構造，兩段式伸縮的軸心近似於望遠鏡（Telescope），因此得名。在活塞上墨方面被百利金超越的萬寶龍，據傳將以開發凌駕於百利金的活塞上墨機構當作終極目標。結構複雜的活塞式，優點在於能吸入大容量的墨水。原本主要用於傑作系列，不過236等二線筆款也會使用。

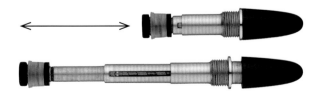

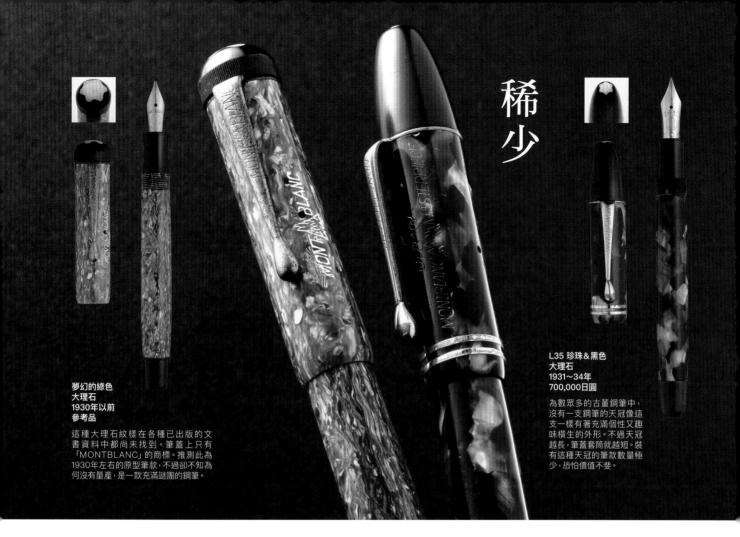

稀少

夢幻的綠色
大理石
1930年以前
參考品

這種大理石紋樣在各種已出版的文書資料中都尚未找到。筆蓋上只有「MONTBLANC」的商標。推測此為1930年左右的原型筆款，不過卻不知為何沒有量產，是一款充滿謎團的鋼筆。

L35 珍珠&黑色
大理石
1931~34年
700,000日圓

為數眾多的古董鋼筆中，沒有一支鋼筆的天冠像這支一樣有著充滿個性又趣味橫生的外形。不過天冠越長，筆蓋套筒就越短。裝有這種天冠的筆款數量極少，恐怕價值不斐。

# 彩色紋樣筆款的筆尖及Logo樣式

### 筆尖的刻印

筆尖有表示雙色、尺寸的阿拉伯數字、英文字母、14C、14Karat等各式各樣的刻印。基本上印在筆尾No.的個位數字會刻印在筆尖上。也有不少是刻印象徵萬寶龍的白星標誌。

| 筆款No.20專用筆尖，稍大。 | 有底線的T字十分少見。 | 刻印2顆白星，相當獨特。 | 此款經常出現於III.Solitaire筆款或普及品。 | No.222、322、333-1/2用，數量稀少。 |

| 丹麥製25用，德國出貨。 | 140系列專用筆尖，素色中白。 | 585的刻印始於第二次世界大戰前。 | 246用。刻有Karat（歐洲標示）。 | 羽翼尖始於1956年左右。 |

### 筆蓋上的MONTBLANC Logo

越舊型的筆款，筆蓋及筆桿均有刻印的似乎越多。MONT與BLANC之間繪有白朗峰的筆款也很多，不過山的外形有些微妙的不同。

### 筆桿的商標標示

除了部分例外之外，筆桿有刻印的筆，大多為第二次世界大戰前的製品。其中也會標示白星或產品序號。

# 1920年代~1950年代的 Meisterstück

大師傑作系列第一號發售時間是在1924年；而大理石紋樣的Meisterstück則是在數年後的1927年左右才登場。雖然種類已限縮到一定程度，依然有相當多的款式存在。這邊介紹的是1920年代至1950年代間的製品，可以說網羅了所有經典的代表筆款。

**原型　1930年左右　參考品**

這支鋼筆由丹麥的萬寶龍工廠 (ALFRED T. ØBERG) 生產，是最早期的橫條紋鋼筆。雖然沒有詳細的資料，不過可以推測此筆款並無量產。

**20 孔雀石 綠色　1929~34年　140,000日圓**

經濟大恐慌時期製造的彩色紋樣筆桿，比起黑色筆桿，數量要少得非常多。其中孔雀石綠的留存數量更是極其稀少，是相當貴重的筆款。由於筆蓋有些微變形，價格較為便宜。

**128PL 白金 銀灰色　1935~37年　450,000日圓**

 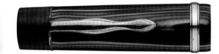 

白金筆款中最大、最高級的鋼筆。大片生動的年輪紋樣，可說是最符合白金之名的傑作系列筆款。這支筆款沒有Logo或刻印。

**124PL 白金 銀灰色　1935~37年左右　240,000日圓**

此系列的白金筆桿中，倒數第二小型的鋼筆。每支筆的紋樣都不同，濃淡分明的紋樣，顯得格外美麗。

**146 綠色 條紋　1949~60年　310,000日圓**

條紋筆桿中，146是最受歡迎的筆款。這種款式自1949年初次登場以來，便成為萬寶龍公司旗艦筆款的基礎。

**144 綠色 條紋　1949~60年　240,000日圓**

無法拍出完整的筆桿，甚是可惜。有些部分相較之下綠色較深，有些部分則是白色較多，是一款色調濃淡交錯的美麗鋼筆。

**142 灰色 條紋　1952~58年　190,000日圓**

條紋筆桿中尺寸最小，也是最後發售的筆款。這支筆也一樣，深綠色及白灰色交錯分明，非常美麗。上墨機構為望遠鏡式活塞。

**644N 綠色 條紋　1957年~　180,000日圓**

色調深沉的橫條紋樣中，隱約可窺見些微的棕色，是非常美麗的條紋筆桿。金屬筆蓋與綠色條紋的組合也相當時尚。

# Pix的彩色紋樣筆款

目前市面上看到的大理石紋樣Pix筆款,多為第二次世界大戰後的製品,戰前的製品相當難以入手。

**71PL 白金 銀灰色**
1936~37年　85,000日圓

銀灰色的年輪紋樣非常顯眼美麗。筆桿上刻有「Fabbricata in Germania」刻印,是專銷義大利市場的出口品。

**672 綠色 條紋**
1952~58年　68,000日圓

黃綠色調的條紋筆桿非常少見,淺色部分有著近似金色的奇妙光芒。

**672 綠色 條紋**
1952~58年　68,000日圓

正面的紋樣是典型的條紋,不過左右的紋樣竟宛如鳥的羽翼一般,是陰陽色調相當分明的筆。

**272 棕色 條紋**
1950~54年　60,000日圓

與其說是虎眼紋,應說是木紋較貼切。筆桿上下對稱的木紋紋樣,非常美麗。

**172 綠色 條紋**
1952~58年　65,000日圓

深綠色與近似銀色的光芒重疊交織,形成鮮明而艷麗的紋樣。

**72G PL 白金 銀灰色**
1936~37年　83,000日圓

珍貴的白金銀灰色傑作系列筆款,彷彿流動般的年輪紋樣美麗迷人。

# 丹麥筆款

丹麥萬寶龍開始生產大理石紋樣的鋼筆,是在1930年左右。因種類稀少,所以相當珍貴。

**246 淺綠色 大理石　1941~54年　88,000日圓**

 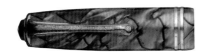

特色是宛如冰裂紋 (Crack Ice) 的大型斑紋。是丹麥筆款的典型筆款之一。

**25 Masterpiece 綠色 大理石　1939~43年　230,000日圓**

於丹麥萬寶龍工廠生產的珍貴Masterpiece之一。特色是十二角筆桿及高挑的天冠。

**226 深綠色 大理石　1941~54年　78,000日圓**

深綠色中透出閃著晶亮光輝的淡綠色,形成不可思議的奇妙色澤。圓錐形的天冠十分有趣。

**224 深綠色 大理石　1941~54年　68,000日圓**

此筆款在筆桿上有刻印的筆相當稀少。是深綠色大理石的典型;按尾上墨式 (Button filler)。

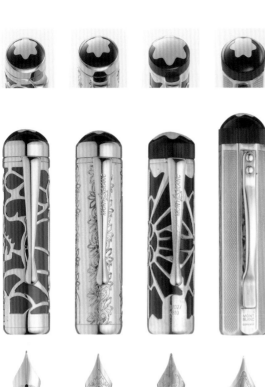

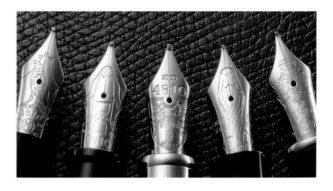

## MONTBLANC
### Patron of Art Editions & Writers Editions

多少錢能入手？中古市場可買到的玩家憧憬限量筆款

# 萬寶龍
# 藝術贊助與文學家系列

限量鋼筆一向受歡迎，其中更是令愛好者長年著迷不已的，就屬萬寶龍的「藝術贊助系列」（Patron of Art）及「文學家系列」（Writers Edition）。這次便要來為大家驗證有哪些鋼筆還可能入手、需要多少預算等。限量品與近年推出的筆款不同，大多是已從市場上消失的稀有商品，因此價格也高人一等。入手方式有網路平台、拍賣會等，須從中古市場這個特殊的地方購買、有成千上萬的精品存在，也算是鋼筆世界的常態。然而事實是現在的中古市場，由於日圓貶值的關係，使得海外匯率偏高，因此日本國內流通的商品，價格反而要低廉得多。

## Patron
### of Art Editions

### 藝術贊助系列

頌揚優秀藝術贊助家的限量品。萬寶龍文化財團自1992年以來，每年都會支援及頒發「萬寶龍國際文化獎」獎項，給各國對藝術文化有貢獻的後援者，並贈予藝術贊助系列鋼筆的高級筆款作為副獎品。

### 歷代筆款（★＝本次介紹筆款）

| | | |
|---|---|---|
| ★ | 1992 | Lorenzo de' Medici（羅倫佐·德·麥迪奇） |
| ★ | 1993 | Octavian（屋大維） |
| ★ | 1994 | Louis XIV（路易十四） |
| ★ | 1995 | Prince Regent（攝政王） |
| ★ | 1996 | Semiramis（賽美拉米斯） |
| ★ | 1997 | Peter I the Great（彼得一世） |
| ★ | 1997 | Catherine II the Great（凱薩琳二世） |
| | 1998 | Hommage à Alexanderthe Great（亞歷山大大帝） |
| ★ | 1999 | Friedrich II（腓特烈二世） |
| | 2000 | Charlemagne（查理大帝） |
| ★ | 2001 | Madame de Pompadour（龐巴度侯爵夫人） |
| ★ | 2002 | Andrew Carnegie（安德魯·卡內基） |
| | 2003 | Nicolaus Copernicus（尼古拉·哥白尼） |
| ★ | 2004 | John Pierpont Morgan（約翰·皮爾龐特·摩根） |
| ★ | 2005 | Pope Julius II（羅馬教宗儒略二世） |
| | 2006 | Sir Henry Tate（亨利泰德爵士） |
| | 2007 | Friedrich Heinrich Alexander（亞歷山大·馮·洪德） |
| ★ | 2008 | François I（法蘭保索瓦一世） |
| | 2009 | Max von Oppenheim（馬克斯·歐本漢） |
| | 2010 | Elizabeth I（伊莉莎白一世） |
| | 2011 | Gaius Cilnius Maecenas（蓋烏斯·梅塞納斯） |
| | 2012 | Joseph II（約瑟夫二世） |
| | 2013 | Ludovico Sforza（米蘭大公爵盧多維科·斯福爾札） |
| | 2014 | Henry E. Steinway（亨利·史坦威） |

### 藝術贊助系列用的筆盒

此系列用的筆盒，相較於耀眼奪目的鋼筆，是相當簡樸高雅的木製筆盒。外側印有肖像或王冠，是筆盒的焦點。

---

**1995**
**Prince Regent**
（攝政王）

當時225,000日圓
中古190,000日圓

王冠是向英國王子（後喬治四世）致敬。透過鏤空雕刻顯露出的藍色非常豔麗。洗鍊的美感獲得公認好評。狀態良好。

**1994**
**Louis XIV**
（路易十四）

當時225,000日圓
中古170,000日圓

與有著太陽王稱號的路易十四非常相襯的耀眼華麗筆桿，但因過於豪華而難以使用的關係，日本似乎有些低估它的價值。試筆程度。

**1993**
**Octavian**
（屋大維）

當時225,000日圓
中古270,000日圓

以羅馬皇帝命名的筆款。有如蜘蛛絲般的圖樣，靈感是來自Vintage MONTBLANC。繼「Medici」之後的高人氣筆款，狀態良好。

**1992**
**Lorenzo de' Medici**
（羅倫佐·德·麥迪奇）

當時225,000日圓
中古570,000日圓

藝術贊助系列的第一號鋼筆。兼具優美、高雅等優點，至今尚無能超越它的鋼筆，人氣始終位居第一，市場價格也十分超群。狀態良好。

撰文／藤井榮藏　攝影／北鄉仁　洽詢／EuroBox　報導年份：2015年9月

038

※「當時」為發售時的本體價格，「中古」為2015年9月時EuroBox的含稅價。價格雖有考量到各鋼筆的狀態，不過亦在某種程度上反映目前的市場價格。

**2008**
**François I**
**（法蘭索瓦一世）**

當時307,000日圓
中古210,000日圓

優雅氣質中，流
露出王公貴族風
情的鋼筆。在華
麗的藝術贊助系
列中，是少見的
懷舊設計。僅試
筆。

**2005**
**Pope Julius II**
**（儒略二世）**

當時260,000日圓
中古190,000日圓

羅馬教宗儒略二
世熱愛藝術，支
援著許多藝術
家。以白色長袍
為圓型的奶白色
筆桿，令人感覺
到清廉潔白的形
象。試筆程度。

**2004**
**John Pierpont**
**Morgan（約翰·**
**皮爾龐特·摩根）**

當時260,000日圓
中古190,000日圓

摩根財團的創
立者摩根，也是
一位藝術品收藏
家。令人聯想到
樂器的設計，或
許是瞄準了藝術
愛好者的心。稍
微偏重；試筆程
度。

**2002**
**Andrew Carnegie**
**（安德魯·卡內基）**

當時240,000日圓
中古190,000日圓

這支鋼筆洋溢著
濃濃的新藝術
運動氣息，這也
是對藝術培育
有重大貢獻的卡
內基所熱衷的活
動。
評價兩極的筆
款。試筆程度。

**2001**
**Madame de**
**Pompadour**
**（龐巴度侯爵夫人）**

當時250,000日圓
中古190,000日圓

筆桿設計表現凡
爾賽宮殿的優雅
宮廷生活；是支
宛如在侯爵夫人
喜愛的白色麥森
瓷器上描繪花朵
的優美逸品，很
受女性歡迎。試
筆程度。

**1999**
**Friedrich II**
**（腓特烈二世）**

當時280,000日圓
中古190,000日圓

在限量品中少
數採用安全（旋
轉）機構的鋼
筆，墨水的更換
則是採用與一般
安全筆不同的卡
式墨水管。稍微
使用過。

**1997**
**Catherine II**
**the Great**
**（凱薩琳二世）**

當時250,000日圓
中古190,000日圓

玫瑰金鍍層的華
麗裝飾，表示對
俄國女皇的敬
意。與彼得一世
大帝一樣，都是
適合觀賞用的鋼
筆。試筆程度。

**1997**
**Peter I the Great**
**（彼得一世）**

當時250,000日圓
中古190,000日圓

華麗的裝飾象徵
俄國皇帝的昌隆
氣勢。彼得一世
大帝是與同時發
售的凱薩琳二世
成對的鋼筆。適
合收藏用；試筆
程度。

**1996**
**Semiramis**
**（賽美拉米斯）**

當時225,000日圓
中古190,000日圓

以亞述帝國傳
說中的女王「賽
美拉米斯」為主
題的鋼筆。鑲著
大紅色七寶燒的
纖細工藝，宛如
寶石般美麗，在
女性間也很有人
氣。試筆程度。

## 藝術贊助系列中還有高級版「888」系列

限量888支的高級版鋼筆,均為18K純金製品。筆桿也鑲有貴重寶石,奢華得耀眼奪目。是適合用於欣賞的鋼筆。

高級版的筆盒是直角四方形,中央上側裝飾著浮雕皇冠,內部也相當豪華。

**1995**
**Prince Regent (攝政王)**
**限量版888**

當時1,000,000日圓
中古730,000日圓

限量版和普通版的外觀雖然相同,不過金屬部分的材質是使用18K純金,筆蓋的皇冠鑲有鑽石和紅寶石,天冠的白星標誌則是珍珠貝母,極致奢華。未使用狀態。

普通版「4810」的金屬部分為銀鍍金,刻有銀925的刻印。

## 文學家系列的魅惑3件套組也萬分迷人

除了海明威以外的文學家系列,都有鋼筆、原子筆、鉛筆的3件套組(也有4件套組)。製造序號相同。

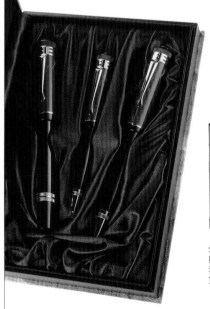

外觀及基本設計都與單品一樣,不過套組用的筆盒稍微寬一點。

## 矚目細節之美!

藝術贊助及文學家系列使用的材質,有樹脂、金屬、貴重寶石等,種類繁多。將各個筆款主題相關的事物,分別以純熟精湛的工匠技藝,展現在細緻的工法上。

**羅倫佐·德·麥迪奇的雕刻**

因為由八位工匠手工雕刻,因此共有八種圖樣。基本圖樣雖然相同,但細節的樣式卻是八人八色。

**賽美拉米斯的鏤空雕刻**

由精密的鏤空雕刻,與鑲在筆桿上的大紅色七寶燒交織而成的精緻工藝,使鋼筆宛如寶石般美麗。

**阿嘉莎·克莉絲蒂的蛇之眼**

鑲在銀色與銀鍍金蛇眼上的紅寶石及藍寶石熠熠生輝,彷彿要強行將人拉進神祕的世界。

**大仲馬的大理石紋樣**

大理石紋樣是以大理石為意象設計。雕刻著羽毛筆的筆蓋飾環重疊著筆桿的模樣,好似古代文物一般。

# Writers
## Editions

### 文學家系列

此系列是為了讚頌過去對世界文學有重要貢獻的作家，將由作家的人生、作品等得來的靈感表現在鋼筆上，自1992年以來，每年秋季都會發表新品。日本作家之中，誰能最早出現在這個系列，也十分令人期待。除了海明威以外，都是鋼筆、鉛筆、原子筆的3件套組，最近也推出鋼珠筆。

#### 歷代筆款（★＝本次介紹筆款）

| | | |
|---|---|---|
| ★ | 1992 | Hemingway（海明威） |
| ★ | 1993 | Agatha Christie（阿嘉莎·克莉絲蒂） |
| ★ | 1993 | Imperial Dragon（王者之龍）（針對亞洲市場） |
| ★ | 1994 | Oscar Wilde（奧斯卡·王爾德） |
| ★ | 1995 | Voltaire（伏爾泰） |
| ★ | 1996 | Alexandre Dumas（大仲馬） |
| ★ | 1997 | Dostoyevsky（杜斯妥也夫斯基） |
| ★ | 1998 | Edgar Allan Poe（埃德加·愛倫·坡） |
| ★ | 1999 | Marcel Proust（馬塞爾·普魯斯特） |
| ★ | 2000 | Schiller（席勒） |
| ★ | 2001 | Charles Dickens（查爾斯·狄更斯） |
| ★ | 2002 | F. Scott Fitzgerald（法蘭西斯·史考特·費茲傑羅） |
| ★ | 2003 | Jules Verne（朱爾·凡爾納） |
| ★ | 2004 | Franz Kafka（法蘭茲·卡夫卡） |
| ★ | 2005 | Miguel de Cervantes（米格爾·德·塞凡提斯） |
| ★ | 2006 | Virginia Woolf（維吉尼亞·吳爾芙） |
| ★ | 2007 | William Faulkner（威廉·福克納） |
| ★ | 2008 | George Bernard Shaw（蕭伯納） |
| ★ | 2009 | Thomas Mann（湯瑪斯·曼） |
| ★ | 2010 | Mark Twain（馬克·吐溫） |
| ★ | 2011 | Carlo Collodi（卡洛·科洛迪） |
| ★ | 2012 | Jonathan Swift（強納森·史威夫特） |
| | 2013 | Honoré de Balzac（歐諾黑·德·巴爾札克） |
| | 2014 | Daniel Defoe（丹尼爾·狄福） |

### 專用筆盒的色彩以筆桿為靈感

筆盒是以書本為形象設計的紙製書本型，非常適合文學家系列，書背上側印有作家的簽名。封面的圖樣則是以作家的作品為靈感所設計。內層有海綿、天鵝絨、棉絨等多種款式。

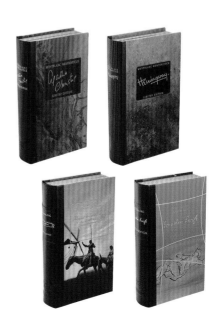

**1994
Oscar Wilde
（奧斯卡·王爾德）**

當時85,000日圓
中古105,000日圓

由於主播久米宏在《報導站》（報道ステーション）節目上使用此筆款的原子筆，使這款筆掀起討論。鋼筆的人氣也非常高。狀態良好。

**1993
Imperial
Dragon
（王者之龍）**

當時92,000日圓
中古220,000日圓

1993年版的第三款筆，是專銷亞洲市場的限量品；生產數量只有5000支，數量稀少，因此市場價格也高。另外也有888支18K純金的版本。

**1993
Agatha Christie
（阿嘉莎·克莉絲蒂）
（銀鍍金）**

當時125,000日圓
中古210,000日圓

同時發售的銀鍍金版只有4810支，數量稀少，因此市場價格也較高，但似乎喜愛銀色版本的人比較多。狀態良好。

**1993
Agatha Christie
（阿嘉莎·克莉絲蒂）
（銀）**

當時125,000日圓
中古210,000日圓

以蛇來象徵懸疑小說家的構想，是為了令人感到謎團及神祕感，十分有趣。由於電影的評價相當高，使得這款鋼筆在中古市場的人氣也極高。狀態良好。

**1992
Hemingway
（海明威）**

當時80,000日圓
中古265,000日圓

自發售以來人氣便居高不下，甚至有一段時期，在拍賣會上是以40萬日圓的高價出售。購買時的重點是確認梨地花紋的狀態。稍微使用的程度。

**2003**
**Jules Verne**
**(朱爾·凡爾納)**

當時100,000日圓
中古110,000日圓

以朱爾·凡爾納
的代表作《海底
兩萬里》為主題
設計。靈感來自
於青海波紋樣的
筆桿非常美麗,
人氣很高。不蓋
筆蓋時,書寫的
平衡感相當好。
狀態良好。

**2002**
**F. Scott Fitzgerald**
**(法蘭西斯·史考特·**
**費茲傑羅)**

當時100,000日圓
中古88,000日圓

筆桿的裝飾藝術
風格,令人懷想
起費茲傑羅生
活的1920年代。
純白而清新的氣
質,相當受女性
歡迎,不過有變
色的傾向。僅試
筆。

**2001**
**Charles Dickens**
**(查爾斯·狄更斯)**

當時110,000日圓
中古88,000日圓

銀色加上英國
綠的組合雖然時
尚,但因筆蓋較
重,不太適合會
撐著筆前方寫字
的書寫者使用。
試筆程度。

**2000**
**Schiller**
**(席勒)**

當時110,000日圓
中古90,000日圓

使用天然材質琥
珀製成的筆蓋,
加上黑色高級樹
脂的筆桿,感覺
非常時尚。有一
定的人氣;鉛筆
只包含在3件套
組中出售。

**1999**
**Marcel Proust**
**(馬塞爾·普魯斯特)**

當時110,000日圓
中古165,000日圓

此筆款與麥迪奇
一樣有著八角形
的銀色筆桿,非
常受歡迎。使用
時筆蓋也是以螺
旋方式旋入筆
尾。狀態良好。

**1998**
**Edgar Allan Poe**
**(埃德加·愛倫·坡)**

當時105,000日圓
中古93,000日圓

此款鋼筆以沉
穩的午夜藍搭
配維多利亞時代
的金色裝飾,受
到廣泛年齡層的
喜愛,十分有人
氣。有極小的使
用痕跡。

**1997**
**Dostoyevsky**
**(杜斯妥也夫斯基)**

當時99,000日圓
中古93,000日圓

厚實且設計洗鍊
的正統派鋼筆,
相當有人氣。3
件套組只生產
700組,其中鉛
筆的單品評價
非常高。傷痕極
小。

**1996**
**Alexandre Dumas**
**(大仲馬)**

當時98,000日圓
中古98,000日圓

此筆款有大仲馬
(上方照片)及
小仲馬(誤植版)
2種版本,市場上
小仲馬的價格稍
微偏高。以狀態
良好與否作為購
買基準較恰當。
傷痕極小。

**1995**
**Voltaire**
**(伏爾泰)**

當時85,000日圓
中古78,000日圓

筆蓋的天冠以伏
爾泰生活的時代
所流行的洛可可
風格裝飾,相當
耀眼。雖然設計
沉穩高雅,卻意
外地不怎麼受歡
迎。試筆程度的
高級良品。

**2012**
Jonathan Swift
（強納森‧史威夫特）

當時120,000日圓
中古90,000日圓

仿格列佛帽子的筆蓋設計十分有趣，但使用時，筆蓋並不能插到筆尾上。試筆程度。

**2011**
Carlo Collodi
（卡洛‧科洛迪）

當時120,000日圓
中古105,000日圓

以《木偶奇遇記》為主題，筆桿充滿各種有趣的設計，例如好似皮諾丘鼻子的筆尾等。筆蓋稍微有重量。試筆程度。

**2010**
Mark Twain
（馬克‧吐溫）

當時120,000日圓
中古105,000日圓

筆桿設計表現馬克‧吐溫生活在密西西比州時的情景。整體的平衡感良好，不過47g稍嫌偏重。筆桿較149細一點。試筆程度。

**2009**
Thomas Mann
（湯瑪斯‧曼）

當時128,000日圓
中古105,000日圓

以黑色高級樹脂為底，搭配銀色線條的裝飾藝術風格筆款。簡約的設計評價非常好。幾乎是未使用的狀態。

**2008**
George Bernard Shaw
（蕭伯納）

當時128,000日圓
中古88,000日圓

設計主題為戲劇《賣花女》(Pygmalion)（《窈窕淑女》的原作），以賣花女孩為形象設計的筆桿重62g，粗且沉重，不適合攜帶外出。試筆程度。

**2007**
William Faulkner
（威廉‧福克納）

當時128,000日圓
中古88,000日圓

以近代美國文學巨擘為形象的時尚設計。平衡感尚可，不過因金屬部分較多，故有些微沉重的感覺。試筆程度的完美品。

**2006**
Virginia Woolf
（維吉尼亞‧吳爾芙）

當時110,000日圓
中古85,000日圓

以女性小說家為主題，整體的設計也強烈表現出女性氣質。打褶設計的筆桿容易持握，平衡感也很好。狀態良好。

**2005**
Miguel de Cervantes
（米格爾‧德‧塞凡提斯）

當時100,000日圓
中古88,000日圓

筆桿上的飾環及筆蓋的設計靈感，來自於《唐‧吉軻德》中的風車翼。雖然有重量感，稍微偏重且偏長，但平衡感非常好。試筆程度。

**2004**
Franz Kafka
（法蘭茲‧卡夫卡）

當時100,000日圓
中古78,000日圓

以小說《變身》為主題的設計。中央往兩端逐漸變細，表現變化的感覺。限量品是非常少見的吸墨器式。傷痕極小。

# 董的世界

# 古金

# 百利世

## 從100、400邁向帝王系列的軌跡

螺紋」的世界首支活塞上墨式鋼筆，震驚業界。只要些微旋轉旋鈕，就能讓活塞以較快的速度移動，堪稱劃時代商品。雖然一直以來有各種產品誕生，但大致可簡單歸納為1930年代的100和由此衍生的筆款，也就是50年代的400，並再衍生出始於1982年的帝王主要3個系列。每款都是該時代的主打商品。詳細來看，就能了解每個時代的趨勢和受歡迎的筆款，想必趣味也更增加了。

知道帝王系列吧。在德語中代表「優質好物」之意的百利金鋼筆，現在已經可以說是鋼筆的代名詞了。接下來，本單元追溯過往足跡，介紹百利金的劃時代商品。

1838年，由卡爾‧赫尼曼（Carl Hornemann）創辦，後來再交由根特‧華格納（Günther Wagner）接手，1873年就以華格納家徽鵜鶘登記為註冊商標。1929年，推出採用「差動想必趣味也更增加了。

古董鋼筆迷們應該沒有人不

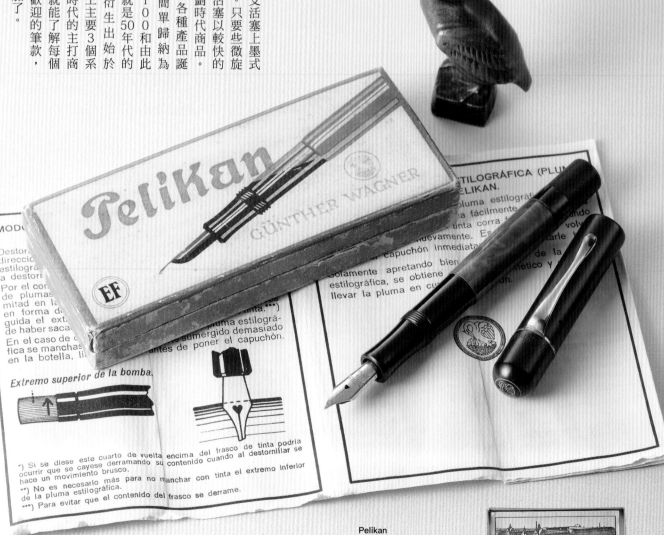

### Pelikan
### Fountain Pen（100）
### 1929年

百利金公司販售鋼筆的第1號筆款，採用活塞上墨式的劃時代商品。套管的顏色有翡翠綠（綠色）和黑色。活塞部分為電木材質。

撰文／藤井榮藏　攝影／北鄉仁　報導年份：2018年3月
參考文獻：Pelikan Schreibgeräte（Jürgen Dittmer Martin Lehmann合著）
※各標價為2018年3月時EuroBox的含稅價。

# 1929～1950年代

從第1號筆款誕生到1956年的100及自100衍生的筆款，僅有少數的IBIS和Rappen陣容而已。

### 111 14K純金
1930年 290,000日圓

百利金產品當中第1支豪華筆款，套管和筆蓋環都是14K純金打造。套管還刻有代表14K金的585。握位部分呈現鼓形，筆蓋則有4個通氣孔。

### 110 白色鍍金
1931年 280,000日圓

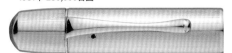

整體包覆白色鍍金的豪華筆款。因菱形花紋覆蓋整體，而被稱為鑽石。數量極為稀少，要找到狀態良好的筆款非常困難。

### T111 Toledo
1931年 680,000日圓

此款被視為百利金所製造的古董筆中，最為美麗且登峰造極的1支鋼筆。鐵製套管上以傳統金雕技術雕出金色鵜鶘，成就象徵黃金年代的夢幻逸品。

### 101 珊瑚（紅）
1935年 750,000日圓

與青金石（藍）、翡翠（綠）相同，原色類型的珊瑚（紅）殘存數量極少，評價也極高，也是很難在二手市場看到的博物館級筆款。

### Magnum
1935年 290,000日圓

此為葡萄牙公司「吉馬良斯修道院（M.G.）」進口的筆款，筆蓋天冠處刻有EMEGE字樣。

### 101 淡玳瑁色L
約1936年 225,000日圓

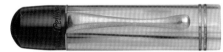

這款淡色玳瑁擁有偏白近象牙色的色澤，相當稀有。但資料上並沒有這種天冠和尾栓為黑色的筆款，或許有可能被人更換過，但因為花紋稀少也就一併列出了。

### IBIS 紅色大理石紋
約1936年 160,000日圓

IBIS與Rappen一樣，是鋼筆史上重要的筆款。從1936年開始，紅色大理石紋筆款連續製造了7年，但殘留數量依然極為稀少，在二手市場的價格驚人地昂貴，灰色、綠色也同樣高價。

### 100N 格但斯克製造 波蘭
1937年 68,000日圓

戰前時期，百利金在波蘭的格但斯克曾設立工廠，此筆款就是由格但斯克工廠所生產的。細細的1條墊圈、尖尖的筆夾，還有筆蓋環下方較長的橡膠部分，都是其特色。

### 100N綠色 義大利製造　1943年 78,000日圓

這是在義大利米蘭工廠製造的稀有筆款，筆桿和套管一體成形，並刻有GERMANIA字樣。筆蓋、尾栓為硬質橡膠材質。

### 100N綠色 戰時筆款　約1942年 48,000日圓

因為是在戰爭時期製造，故造型也相當簡約。沒有做筆蓋環，而是直接在材料上刻入溝槽。筆尖部分為鎳鉻材質。

### 100N灰色　1938年 55,000日圓

有溝槽紋路的筆夾和筆蓋環，是1938年的設計，不過這款在握位的樣式則是屬於後期，約1949年的筆款。筆桿末端刻有Export字樣。

### 200 玳瑁色 自動鉛筆　1937年 43,000日圓

這款自動鉛筆，直接使用「AUCH PELIKAN=這也是百利金」的德語作為筆款名稱，按壓式，使用1.18mm筆芯。

# 百利金劃時代筆款年表

| | **1930** | ← 1929 | **1838創業** |
|---|---|---|---|

100系列

約1937年時，除了部分未更動之外，鵜鶘的雛鳥數量從4隻變成了2隻。

**100與100N
的尾栓形狀不同**

100的尾栓是直線條狀，扁平的底部有直線溝紋，100N則是略顯渾圓的形狀。

**1937～1954年※
100N**

N（Neu＝新的意思）筆款於1937年登場，有玳瑁棕、綠色以及在波蘭、義大利工廠生產的筆款。總公司工廠在1944年到1946年期間因戰爭而關閉。

**1930～1931年
100**

接著採用的這款鋼筆也是翡翠綠。天冠仍同樣筆直簡單，不過筆尖的通氣孔已經變成圓形了。筆蓋的通氣孔則改成4個（2×2）的樣式。

**1929年
Pelikan Fountain Pen
（100）**

百利金第1號鋼筆，跟之後筆款的關鍵性不同就在於握持位和筆桿是採電木材質的一體成形，還有筆尖通氣孔呈現心形。1929年末期，通氣孔已變成圓形。

**1937～1951年※
101N**

被稱為Lizard的蜥蜴紋筆款，於1937年開始製造，最初幾年主要都出口到國外。筆蓋的金屬部分有金色與銀色2種，持續生產製造了15年。

**1935～1938年左右
101
（彩色筆款）**

筆蓋也開始有不同色彩的101在1935年登場。珊瑚（紅）僅僅銷售3年就銷聲匿跡，同時期製造的原色類型還有青金石（藍）、翡翠（綠）。

**1931～1937年
T111
Toledo**

Toledo被譽為百利金製造的鋼筆中最美的一款。以純手工雕金技術，在鐵質素材為底的筆桿鍍上20～22K金，並以純手工雕金技術做雕刻。

**1931～1937年
100
（彩色筆款）**

1931年開始進入量產體制，藍色、玳瑁色、綠色、灰色、珍珠貝母等各種彩色筆款紛紛登場。天冠則變成略帶渾圓的形狀。

**早期的通氣孔
為心形**

早期幾年，據說筆尖都是由萬寶龍供應。就如同部分使用者稱之為「心孔」，第1號鋼筆筆尖的通氣孔是心形。

---

**1936～1956年※
IBIS**

與Rappen同樣都是百利金的重要商品。有紅色、灰色、綠色的大理石紋等等，持續生產到1956年。圖片為戰後的130。

**1932～1944年※
Rappen**

Rappen的意思為黑馬，是為了讓顧客在100系列之外還有其他選項而製造的筆款。初代筆款是百利金商品當中唯一使用橡膠管的樣式。

**戰前
子系列**

---

| **1970** | ← | **1960** | ← |
|---|---|---|---|

50年代子系列

**1973年～1978年
400NN
Merz & Krell**

此筆款是因應日本的強烈要求而再製造的筆款。但由於所有設備都已經撤除，便委託Merz & Krell筆廠進行製造。顏色花紋不多，只有4種，褐色直條紋相當受歡迎。

**1969年左右
21 Silvexa**

1965年400系列型號廢除後，直到1973年採用Merz & Krell筆廠之前，筆款數量可以說是急遽減少。這是大約1969年時的筆款，還有活塞上墨式的M20、吸墨器式的P12等等。

**1965年～
M475**

此筆款是主攻日本市場的特別版，稱為「M系列」。1960年代其他筆款還有400系列、暗尖M系列以及P系列等等。

**1955～1965年
120**

120是從1950年代到1960之間，作為學生鋼筆款而製造的。儘管樣式簡單，卻賣得非常好。之後的校園鋼筆款則由Pelikano承襲。

**1953～1957年
300**

300是從400和140衍生出的筆款，零件也幾乎都是以400和140為雛型設計。此筆款僅僅製造了5年的時間，而且主要都是出口到國外。

**1952～1965年
140**

1952年採用的140，其定位是承襲IBIS筆款。也因而在4年後，這款140變成了外觀大上一圈的400NN。

報導年份：2018年3月
※1944～1946年因第二次世界大戰爆發而暫停生產

一起來看看百利金鋼筆輝煌的**90**年歷史當中，最具代表性的筆款。
年份為該鋼筆首次販售的年份（照片為同時期的同種筆款）。

**[ 1950 ]**◀

400系列

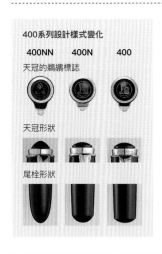

**400系列設計樣式變化**

400NN　400N　400

天冠的鵜鶘標誌

天冠形狀

尾栓形狀

**1956年～1965年**
**400NN**

400是在新體制調整好後所推出的筆款，因為備受好評，而有了400NN，以承襲之姿加入。天冠與尾栓採有尖角的流動線條，400NN的銷售量呈現爆發性成長，持續製造直到1965年。

**1956年**
**（1年便宣告結束）**
**400N**

在備受好評的400之後接著推出的400N，是存在於400與400NN的夾縫間的款式，也有人稱為過渡筆款。僅僅1年就停產，因製造期間過短而廢除型號。

**1950～1956年**
**400**

400發表於1950年，擁有半透明筆桿，天冠和筆蓋搭配金屬材質，讓過去的古典風設計換上新衣，以新時代鋼筆之姿登場。使用自由度也更加提升。

到了1950年代，伴隨著戰後重建復興的景氣，改採高級路線的金屬材質鋼筆陸續問世。改變戰前的少數精銳主義方向，瞄準廣大客群，加速朝量產多種筆款邁進。

**50年代豐富多樣的金筆**

**500系列**
**（鍍金）**
為筆蓋和尾栓都是鍍金樣式，並且也製造僅筆蓋鍍金的500N、500NN。

**520系列**
**（鍍金）**
整體皆採取鍍金的樣式。有520、520N、520NN共3款，也有義大利工廠製造的產品。

**600系列**
**（14K純金）**
此為筆蓋和尾栓都是14K金的高級製品。另外也為僅筆蓋為14K金的600N、600NN。

**700系列**
**（14K純金）**
也製造以整片14K純金打造的豪華筆款。照片為700NN，另外也有700、700N。

**1954年**
**筆尖改為**
**雙圈設計**

400上市後4年，1954年筆尖的設計變更為雙圈，當中搭配鵜鶘與文字。

---

**[ 2000 ]**◀　　**[ 1990 ]**◀　　**[ 1980 ]**◀

Souverän（帝王系列）

**2003年開始的**
**天冠新設計**

2003年開始，天冠標誌上的雛鳥數量從2隻減為1隻，成鳥的羽毛根數也減少1根變成了4根。

**1997年～**
**M1000**

系列最龐大的M1000，推出時間與全新帝王系列發表的時期相同。大又獨特的軟筆尖讓這筆款充滿魅力，很多文字工作者也深受吸引。

**1991年～**
**M900 Big**
**Toledo**

受到泡沫經濟推動，顧客的要求也變得更高級了。M900就是當中最主要的筆款，1992年有採用銀色零件的M910，接著還有彩色Toledo。

**1985年～**
**M700 Toledo**

1982年開始推出帝王系列之後，走高級路線的商品陸續問世。M700是復刻自1931年的傳說筆款T111 Toledo。初期款式刻有PELIKAN W.-GERMANY字樣。

**1982年～**
**M400**

帝王系列最初登場是在1982年4月的型錄當中，M400為最早期的筆款。這個初代筆款樣式一直持續到1997年，才有了大幅的變動。

**1998年～**
**M300**

尺寸最小的M300，也是配合系列發表設計變更的時間推出。特別的是，此筆款也是採用軟筆尖。

**2010年12月1日**
**開始**
**天冠改為**
**金屬材質**

原本樹脂材質的天冠在2010年改為金屬材質，標誌的圖案設計則不變。

**1997～1998年**
**變更設計**

1997年到1998年，帝王系列逐漸將設計樣式調整得一致。與M400相同尺寸的M600變得更大，還有全新的M1000、M300登場，跟目前一樣共有5種尺寸。

**1987年～**
**M800**

1987年登場的旗艦款M800，是目前支持度最穩定的筆款。早期樣式的天冠和尾栓都是金屬材質，天冠的標誌是倒反的，以黃金質地搭配黑色。

**1985年～**
**M600**

作為M400奢華款所推出的M600，尺寸與M400相同，筆蓋環有2條，握位和尾栓也都有環飾，展現高級樣式。到了1997年，尺寸又再加大。

**1984年**
**變更天冠樣式**

M400初期的天冠就跟400系列一樣，圖騰都是刻上去的。1984年改為印刷的樹脂材質。

# 1950～1960年代

1950年代，是從古典走向新風格的轉換期。
材質著重堅固，設計也煥然一新，就這樣邁入了新時代。

**520 鍍金 Italian Overlay**
**1950年左右 158,000日圓**

為米蘭工廠製造的稀有筆款。百利金公司在第二次世界大戰期間，把部分老舊的設備搬移到義大利米蘭，開始進行製造。為海外生產的筆款當中最高級的一款。

**600 黑色直條紋 14K金 純金筆蓋／尾栓**
**1952年 130,000日圓**

這款豪華筆款在金屬零件部分皆為14K純金，天冠、筆夾、筆蓋到尾栓通通都刻有14K-585字樣。專門出口海外的樣式，擁有罕見的音樂尖。

**500 玳瑁棕直條紋**
**1950年 53,000日圓**

與綠色直條紋比起來，玳瑁棕直條紋筆款的產量較少。天冠鵜鶘標誌的溝槽與筆桿同樣都是棕色。筆蓋環沒有刻印字樣，屬於初期款式；從1954年開始刻有PELIKAN 400的字樣。

**400 綠色直條紋 紫色天冠**
**1950年 68,000日圓**

天冠的整個樹脂部分都為紫色，這是第1年的筆款。僅在最初的第1個年度製造，其他還可以找到藍色、紅色的款式。初代筆款筆尖採用與100系列相同的舊式筆尖。

**400玳瑁棕直條紋**
**1950年 33,000日圓**

400系列的銷售狀況壓倒性地出色。1955年當時的價格是25馬克，還不及520筆款的一半。與綠色直條紋相比，玳瑁棕直條紋的數量相當少，筆尖為舊式筆尖。

**400 綠色直條紋 紅色天冠**
**1950年 68,000日圓**

天冠樹脂部分為紅色的第1年筆款（指僅推出首年製造）。據說有顏色的天冠是為了搭配墨水顏色作區隔，但是並沒有明確的資料證實。使用的是舊式軟筆尖。

**400 綠色直條紋**
**1950年 35,000日圓**

筆桿顏色相當與眾不同，可以說是艾草色或是青草色。在有限的資料當中並無款式的記載，但筆桿末端刻有EXPORT字樣，應該是做為原型版所以生產數量少，色澤也應該不是變色所造成的。

**400 綠色透明**
**1950年 108,000日圓**

這是為了讓展示人員說明鋼筆的構造與功能的筆款，不過這種有顏色的透明筆桿一般都被稱作是Transparent（透明）。除了筆舌與活塞桿之外，其餘部分皆為透明，非常稀少。

**400 綠色／綠色直條紋**
**1954年 120,000日圓**

筆蓋、握位和尾栓都採橄欖綠，堪稱相當稀少的筆款。而且這種橄欖綠並非純色，當中還有一些斑點圖樣，更顯得珍貴，是非常罕見的顏色。筆尖採用舊式軟筆尖。

---

**140綠色直條紋　1952年 30,000日圓**

比400NN還小上一圈的140，是承襲IBIS的筆款，生產到1956年。這是還貼著上市當時標籤的未開封商品。

**140 黑色 鎳金屬　1957年左右 46,000日圓**

筆蓋環和筆夾都是鍍鎳，這種筆款可以說是相當稀少。筆尖也是採用CN尖（鉻鎳）。

**140 淡玳瑁**
**製造年份不明 180,000日圓**

140淡玳瑁色可以說是相當少見的超級珍品。就連百利金的資料書籍（參照P.44註解）都有附圖說明是極稀少筆款，由於缺乏明確資訊，因而製造年份不明。

**300 黑色直條紋**
**1953年左右 43,000日圓**

1950年代的300，是將140的款式用400的尺寸重現的筆款，1953年開始僅生產短短5年，非常地稀少。筆蓋環刻有PELIKAN 300，筆桿則刻有EXPORT字樣。另外還有紅色款。

**120 綠色　1955年 15,000日圓**

140是為了作為學生鋼筆而採用的筆款。樣式極其簡單，筆尖為鋼材鍍金款式。

**450 綠色／綠色直條紋 自動鉛筆　1954年 55,000日圓**

橄欖綠這種顏色本來就很稀有，不過使用0.92mm筆芯的自動鉛筆更是很少看到。這款堪稱是超稀有自動鉛筆。

**500系列 鍍金／海藻綠直條紋**
**1954年 138,000日圓**

淡綠並帶有偏藍的深色，這種綠色相當罕見，是僅存於該時代的特別色。為何這一色調沒有復刻版呢？真是令人不可思議。筆桿刻有500的字樣。

**520N 鍍金**
**1956年 138,000日圓**

520N這種款鋼筆僅於1956這一年間生產，因而非常地稀少。筆蓋和筆桿整體遍布傳統的Guilloche（扭索紋），是相當美麗的鋼筆，狀態也非常良好。

**500N 鍍金／玳瑁棕直條紋**
**1956年 93,000日圓**

玳瑁棕直條紋和黑色直條紋，出現在二手市場的頻率很低，價格也比較高。N是德語Neu（新）的首字母。代表相較於先前採用的500，有著嶄新的含意。

**500N 鍍金／黑色直條紋**
**1956年 86,000日圓**

在後繼承接的NN筆款製造出來之前，N是期間的衘接，亦被稱為過渡筆款。筆尖是具有彈性的款式，標誌為1954年採用的雙圈，當中描繪著鵜鶘。

**400N 綠色／綠色直條紋**
**1956年 155,000日圓**

天冠、筆蓋、尾栓、握位全都是橄欖綠。因為僅製造1年，殘存數量極少，二手市場也幾乎很少出現。此為全新庫存品，筆桿還有字幅M的標籤。

**400N 黑色直條紋**
**1956年 58,000日圓**

雖然百利金資料書籍（參照P.44註解）沒有記載，但這已經是眾所周知的產品，並也找到好幾支了。推測應是製造數量少。筆桿末端有400的字樣。

**400N 灰色直條紋**
**1956年 78,000日圓**

灰色直條紋也是稀少顏色款之一。而且如果是N筆桿的話，評價更是三級跳。筆桿刻有EXPORT的字樣。如果彩色筆桿的筆款數量多，就會作為出口之用。鵜鶘顏色也非常美麗。

**700N 14K金 鍍金**
**1957年 350,000日圓**

此為1950年代的百利金鋼筆當中最高級的豪華筆款。金屬部分全都是14K金製，所有的零件都刻有14C-585字樣。Guilloche（扭索紋）相當美，重量為27g。

**500N 鍍金 / 棕色直條紋**
1956年 68,000日圓

這個時代的棕色條紋，是在深棕與淡棕中混有如金色閃閃發光的部分，別具風情。隨著銜接的500N廢除型號的同時推出，製造到1963年。

**500NN 鍍金 / 黑色直條紋**
1956年 68,000日圓

500NN是接在500、500N之後於1956年上市的筆款，製造到1963年。略為往前傾斜的筆尖，特色是擁有強韌的彈性，適合筆壓強勁的書寫者。

**500NN 鍍金 / 淡玳瑁**
1957年左右 180,000日圓

500NN淡玳瑁色殘存數量極少，資料也很缺乏。即便在百利金資料書籍（參照P.44註腳）當中，也是製造年份不明的超稀有筆款。筆桿末端刻有PELIKAN的字樣。

**500NN 鍍金 / 海藻綠直條紋**
1956年左右 120,000日圓

除了海藻綠筆款，也找到還有其他幾種類型，不過500NN是新發現的筆款，在百利金資料書籍（參照P.44註解）中也沒有記載。筆桿刻有500字樣。深綠色相當地美麗。

**555 鍍金 / 玳瑁棕直條紋 原子筆**
1956年 22,000日圓

百利金較晚才開始製造原子筆，初次登場是在1955年的型錄。此款為隔年1956年製造的高級筆款。

**400NN 玳瑁棕直條紋 1956年 48,000日圓**

400NN是400系列筆款中殘存數量最多的。此筆款的珍貴之處在於，採用的是速記專用的細速記尖（ST）。

**400NN 灰色直條紋**
1957年 53,000日圓

儘管灰色直條紋當時不受歡迎，不過與綠色、棕色相較之下殘存數量少，因此市場價格高。跟400、400N相較之下，NN筆款的特色是全長較長、兩端較尖。刻有EXPORT字樣。

**400NN Demonstrator**
製造年份不明 98,000日圓

Demonstrator原本是用來說明鋼筆構造和功能的筆款，但據說有一定程度的數量拿來作為一般商品銷售。除了活塞桿和筆舌之外，其他都是以透明材質打造而成。

**400NN 綠色 / 綠色直條紋**
製造年份不明 98,000日圓

稀有的橄欖綠與綠色直條紋組合，筆桿刻有EXPORT字樣，筆夾內側則有NN的標誌。並加裝防止筆蓋鬆脫的機制。

**450 淡玳瑁 自動鉛筆**
1954年 58,000日圓

淡玳瑁自動鉛筆殘存量尤其稀少。以良好狀態保留下來的並不多見，而像狀態這麼好的更是難得。刻有PELIKAN 450字樣，使用1.18mm筆芯。

**400 綠色直條紋 檯筆**
1955年 40,000日圓

因為是書房專用檯筆，所以握位沒有螺紋，很少能在二手市場見到。另還有黑色直條紋、黑色等款式。活塞上墨式。右圖筆架為100型號專用

**Gimborn 150 Venice 紅色**
1951年 58,000日圓

Gimborn為荷蘭墨水製造商，1931年由百利金收購後，外界認為由百利金提供零件，並由Gimborn組裝，但資料相當缺乏。筆桿末端與筆尖刻有Gimborn字樣。

# 稀有原型

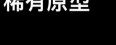

有很多鋼筆即便試作出來也不會上市發售。原本這些筆款應該不會出現在二手市場的，其實卻有好幾款，不過當然，資訊也很缺乏。

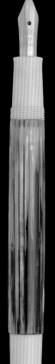

### 400 藍色直條紋
### 1950年左右 120,000日圓

果然也試作了藍色直條紋，但為何當時沒有量產呢？天冠的鵜鶘也以藍色描繪。筆蓋環刻有PELIKAN 400的字樣。

### 400 米色／棕色直條紋
### 1950年左右
### 480,000日圓

這款原型中的原型，幾乎可說難再見到第2次。2004年的M400白色玳瑚，就是以此筆款和400白色為原型。珍貴的博物館級筆款。

### 400 白色
### 1950年左右 380,000日圓

筆尖刻有GÜNTHER WAGNER字樣的製品極其稀少。尤其是還有18KARAT GERMANY和完整標誌。天冠為純色無圖樣，筆桿刻印的文字則比一般大了1倍以上。

### 400 黑色直條紋
### 1949年左右 88,000日圓

筆尖刻有GÜNTHER WAGNER字樣的製品極其稀少。尤其是還有18KARAT GERMANY和完整標誌。天冠為純色無圖樣，筆桿刻印的文字則比一般大了1倍以上。

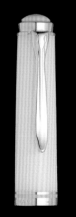

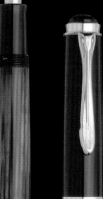

### M600 紅色
### 1988年左右 108,000日圓

M600紅色是全新發現，在目前公開的資料當中並不存在。天冠和筆桿同樣都是紅色。1980年代末期似乎是做了各式各樣的原色筆款。筆尖為18C全金款。

### M600 黃色
### 1988年左右 108,000日圓

M600純色無花紋款，確定有勃艮第酒紅和深藍色，但至今的公開資料中並沒有任何黃色款式的記載。筆尖為18C全金款，尺寸則與M400相同。

### M400
### 環狀綠色條紋
### 1982年左右 120,000日圓

在百利金資料書籍當中並沒有記載這款環狀（HOOP）綠色條紋，不過外界公認，的確有好幾支原型存在。款式與1982年初期的帝王系列M400相同。

### 400 紅色直條紋
### 1950年左右 120,000日圓

紅色直條紋也同樣進行了試作。筆桿只有刻GÜNTHER WAGNER PELIKAN，並沒有刻數字400。天冠上的鵜鶘是鮮豔的紅色。

# 1960~1980年代

1960年代中後期到1970年代，Merz & Krell和M、P系列等穩定成長，但是卻沒有亮眼主打的款式出現。

**M475 Silvexa**
**1967年左右 12,000日圓**

此筆款有P系列和M系列，M系列是專為日本市場打造的款式（M是機械裝置Mechanism的簡寫）。吸墨器和卡式墨水都可以使用。

**400NN Merz & Krell 棕色條紋**
**1973年 33,000日圓**

因應日本要求而製造的400NN復刻款。因為需求量大，自家公司負荷不來，便委託Merz & Krell製造生產。加上黑色、黑色條紋、綠色條紋，共有4種款式。

**400NN Merz & Krell 綠色條紋**
**1973年 28,000日圓**

Merz & Krell復刻的400NN外觀，與原版400NN極度相似。而不同之處在於硬尖、螺紋樣式、筆桿和尾栓的高低差等。復刻品中以綠色條紋的銷售數量獲壓倒性勝出。

**M481綠色**
**1984年 9,000日圓**

筆尖為鍍金款式，天冠也沒有商標，整體造型極為簡單，此筆款又被稱為M400的大眾版。1986年，筆蓋環為錐形、天冠有商標的筆款取名為150。

**M250紅色 1986年 25,000日圓**

這款舊型M250有各種版本，直條紋筆桿、大理石紋筆桿、原色筆桿、透明筆桿等等，有超過10種以上的筆款存在。

**M350藍色大理石紋 1989年 15,000日圓**

這款在日本以「傳統系列」之名販售。國外的M200（電鍍尖）付的筆尖是12C，等級更提升。

# 1982年～ Souverän（帝王系列）

整備好新體制，為頌揚高品質而推出的帝王系列，瞬間就抓住了市場，成就迅速擴展的契機。

**M400 綠條紋 初期款式**
**1982年 28,000日圓**

在日本，M400是以「#500綠色直條紋經典款」的名義販售，但其實這款是最早期的帝王系列，雛形是1950年代的原版400。刻有W-GERMANY字樣。

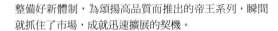

**M400 紅色**
**1984年 36,000日圓**

此款M400勃艮第酒紅還附有標籤，理應為量產筆款，卻幾乎找不到任何資料，似乎是製造數量極少的筆款，而且恐怕也沒有進口到日本。筆尖為BB。

**M400 棕色條紋 鋼筆 / R400 棕色條紋 原子筆 /**
**K400 棕色條紋 自動鉛筆（初期款式）/ 1984年**
**35,000日圓 / 13,000日圓 / 13,000日圓**

在1982年的綠條紋之後，1984年開始推出棕色條紋。當時日本國內的型錄介紹為「#500棕色直條紋」。使用較為深濃的棕色色澤。筆蓋環刻有W-GERMANY字樣。

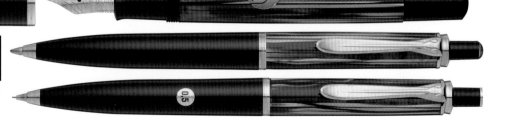

右邊為原子筆，左邊為自動鉛筆的按壓鈕上方。

### M600 綠色條紋 初期款式 1985年 25,000日圓

M600採用時是作為M400的高級版，樣式也高級，筆蓋環是雙環，握位和尾栓也有環飾。尺寸與M400相同。

### R600 棕色條紋 鋼珠筆 初期款式 1988年左右 40,000日圓

初期款的M600棕條紋鋼筆也很少，不過鋼珠筆的生產製造更是極其少量，因此光是要能拿到手就很困難了。

### M700 Toledo 初期款式
### 1984年 36,000日圓

Toledo的製作工程更甚100，需費時1個月以上。因為施以金雕裝飾後，還要再包覆上24K金。尾栓刻有PELIKAN W.–GERMANY字樣的為最初期的款式。

### M910 Toledo 初期款式
### 1992年 148,000日圓

此為1992年採用的銀色Toledo初期款式。在日本以「#910 Grand Toledo·Silver」之名上市。天冠的鵜鶘標誌為金屬鏤空樣式，尾栓則有鑲嵌金屬裝飾。

### M800 黑色 初期款式
### 1988年 50,000日圓

第一次推出M800的時間意外地相當晚，是在推出了M400的5年後，也就是1987年（綠色條紋）。M800的初期款式所採用的筆尖比現行筆款還要來得軟，相當受歡迎。天冠與尾栓為金屬。

### M730 黑色
### 1993年 48,000日圓

筆蓋和尾栓為925純銀材質，此筆款僅有黑色，並沒有彩色版。因為只有筆蓋是金屬材質，因此如果套在尾栓上時，重心會稍微往後傾。

### M400 藍色條紋 第2代
### 1997年 27,000日圓

因為1997變更設計，使得M400的款式有大幅轉變。筆尖採用雙色，筆蓋環為雙環，尾栓部分也有雙環，天冠則從雕刻樣式改為樹脂材質。

### M600 綠色條紋 第2代
### 1997年 28,000日圓

這是將M600初期款的等級再提升的筆款，樣式也煥然一新，並於1997年登場。尺寸比M400略大，介於M800和M400中間，天冠為樹脂材質，尾栓也有雙環。

### M1000 綠色條紋
### 1997年 47,000日圓

帝王系列經過大改款後，變身M1000於1997年登場。雖然也有人認為尺寸過大、筆尖太軟，但如今卻吸引了喜歡軟筆尖的顧客，成為基本固定筆款。

### M300 綠色條紋 1998年 22,000日圓

於設計變更期的1988年推出，為系列中尺寸最小的鋼筆，筆尖為軟筆尖。如此小型的鋼筆採用軟筆尖，可說相當稀有。

### M350 黑色 1998年 28,000日圓

此為將M300（14C）的筆尖改為18C，並施以純銀鍍金的複合款式。由於筆蓋是金屬材質，重心會稍微偏後。而且大概是因為製造時的加工耗損率太高，4年便廢除型號。

### M850 綠色條紋
### 1998年 58,000日圓

此為將M800（14C）筆尖改為18C，並施以純銀鍍金的複合款式。由於筆蓋是金屬材質，重心會稍微偏後。而且大概是因為製造時的加工耗損率太高，僅僅4年就消失在市場上。

### M400 棕色條紋 第2代
### 1998年 35,000日圓

M400也是在1998年變更設計時，樣式有了大幅改變。筆尖為雙色，筆蓋環為雙環，尾栓也有雙環。天冠標誌改為印製。棕色條紋的色澤也變得較為明亮，展現新氣息。

# Pelikan 100

## 沉醉於百利金100系列
## 稀有款式

毫釐不差的產品令人感嘆,但另一方面,
我們也對於充滿了製造者熱情的早年產品有著莫名情懷。
令人感受到工匠特有的優越美感的古董鋼筆龍頭,百利金100系列。
本次要介紹的收藏品,也是讓人興奮的好貨。
讓我們陶醉在龜殼紋等難得一見的稀有款式之中吧。

採訪協助 / Euro Box TEL03-3538-8388 www.euro-box.com
※各標價為2014年6月時Euro Box的含稅價。
撰文 / 藤井榮藏(Euro Box) 攝影 / 北鄉仁

# 百利金100龜殼紋有許多色調與版本

總稱龜殼紋的紋路,但其實有許多種色調。有茶色特別濃郁的,有色調明亮的,也有偏白色調等,不一而足。以下分成橙色系、棕色系、白色系做介紹,但這些稱呼並非官方分類。正式名稱一律都叫做「龜殼紋」。

---

**橙色系** | **101N**
**1937~51年　170,000日圓**

在橙色系的明亮色彩中,點綴著茶色流線,形成了有趣的紋樣。這個款式在百利金的資料書中刊載為「101N」,但全球市場上多半稱為「100N」。是龜殼紋產品中最常見的色調。

**101N　1937~51年　180,000日圓**

**100N Magnum**
**1935~42年左右　320,000日圓**

由葡萄牙企業Monteiro Guimarães進口,向葡萄牙、巴西、西班牙銷售的款式。將公司名稱縮寫M-G改為葡萄牙文發音(Eme-Ge),以「Emege」字樣刻在筆上。比一般的100N大了一號的超稀有款式。據說產量有4000支左右,但正確數量無法查證。狀況極為良好。

---

**棕色系** | **101N**
**1937~51年　165,000日圓**

這種顏色符合「龜殼紋＝龜甲」的形象,但是像這樣深沉色調的卻不常見。筆桿的套管與外殼一體成形,無高低差的款式被稱為「米蘭版本」,殘存數量極為稀少。3支筆的狀況都良好。

**101N　1937~51年　150,000日圓**

**101N 米蘭版　1939~42年　170,000日圓**

---

**綠色系** | **101N**
**1937~51年　148,000日圓**

讓人驚嘆龜殼紋竟然有這種色調,非常奇妙的顏色。乍看之下像是撥了皮的葡萄,換個角度又像是別的顏色,色澤非常特殊。2支筆都狀況良好。

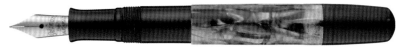

**101N　1937~51年　148,000日圓**

---

**白色系** | **100N　1937~51年**
**150,000日圓**

龜殼紋之中色調最偏白色,數量較少的產品。和同系列中被稱做「淺龜殼紋」或「珍珠母貝」的淡龜殼紋有所區隔。這個款式在愛好者之間通常被稱做「100N」。

---

# 最初期款式的小改款

最初期款式是引進差動式齒輪桿，採用「活塞上墨式」的劃時代產品。從初期百利金鋼筆衍生出的基本結構與設計，在歷經多次改良後，直到1954年為止由各項後續款式所繼承。

### 百利金鋼筆　1929年　參考用

百利金的第一款鋼筆。無飾環，筆蓋為圓筒型（筆蓋的兩端之間呈直線），套管為碧綠色。筆尖由萬寶龍供貨（氣孔呈心形）。天冠上的商標是綠色。筆蓋孔有2個。

**最初期的筆尖**

最初期百利金鋼筆的特徵，是氣孔部分呈心形造型。100系列的筆尖多半偏軟，但是也有「HF」（Hard Fine）、「D」（Durchschreibefeder）之類目前不存在的種類，字幅類型相當豐富。

### 100綠　1930～31年　170,000日圓

尾栓和筆蓋（雙環、4孔）是硬質橡膠製。天冠是直筒型。鼓型握位。觀墨窗為半透明。這支筆生產於1930年左右。

### 100綠　1931～33年　170,000日圓

尾栓與筆蓋（雙環、4孔）為硬質橡膠。天冠採用圓錐型。鼓型握位。觀墨窗為半透明。

### 100藍　1931～37年　180,000日圓

尾栓和筆蓋（雙環、雙孔）是硬質橡膠。圓錐型天冠。握位為喇叭型。1935年左右對Emege出口的貨品。尾栓有刮傷。

### 100白色金屬（試造型）1939年左右　140,000日圓

樹脂筆蓋（雙環、無孔）和尾栓是硬質橡膠。圓錐型天冠。CN筆尖。金屬部分全部是銀色。第二次世界大戰即將開戰時的試造型。

## 百利金100系列的家譜

備註：已省略德國境外工廠生產的產品及試造型產品。

# 鋼筆各部位的版本

從1929年到1954年為止，百利金100系列連續生產了25年，也因此有許多版本。除了下列介紹以外，還有許多種天冠尺寸與形狀，筆夾和飾環的設計版本。

## 天冠（筆蓋頂端）的百利金商標

4隻雛鳥圖樣從初期起使用到1938年左右（14K金款式等部分款式沿用到1942年左右），2隻雛鳥圖樣則是從1937年左右使用到1954年左右。刻印顏色為灰色，綠筆桿為綠色，而龜殼紋則多半採用白色。

2隻雛鳥（著色：綠）

4隻雛鳥（著色：綠）

2隻雛鳥（著色：白）

4隻雛鳥（未上色）

## 筆蓋環附近的刻印

1930年代的初期款式刻印（尤其型號100）也許是意識到同業競爭對手吧，多半會刻上「Pelikan PATENT」字樣。其他還有「Pelikan D.R.P.」、「GÜNTHER WAGNER」等小字刻印。

「D.P.R」（Deutsches Reichs Patent＝德國專利）

「GÜNTER WAGNER」（大字）

「Pelikan Patent」

「GÜNTER WAGNER」（小字）

## 初期100與後續的100N尾栓形狀

100的尾栓採用圓筒型、扁平底，四面劃滿溝紋。但是在1942年以後的100號產品中，有些並未刻劃溝紋。100N的形狀則是包含前端在內，整體有一種圓潤的感覺。

100N

100

# 百利金100系列的魅力

百利金公司在1927年向匈牙利籍技術人員提歐鐸爾·科巴克斯（Theodor Kovacs）締結鋼筆生產專利契約，在2年後的1929年推出第一款型，在1937年推展出新的100N款式。從1929年的「百利金鋼筆」到1954年百利金鋼筆「Pelikan Fountain Pen」。這是採用碧綠色賽璐珞筆桿，引進「差動活塞」技術的嶄新鋼筆。

百利金以此為打入市場的契機，在次年1930年推出型號100的產品，之後改變造型，在1937年推展出新的100N款式。從1929年的「百利金鋼筆」到1954年百利金100系列鋼筆桿之間，1／4世紀之中生產的即使放在色彩鮮豔的賽璐珞筆感到奇妙的是，這些色彩鮮豔會，好好享受一下「珍貴的百利金100系列鋼筆」的魅

百利金100系列的魅力，可以說就是那色彩繽紛又美麗的賽璐珞筆桿。以T111式，一般玩家不容易出手採本單元介紹的都是稀有款買。但是希望大家能藉此機Toledo為代表的金屬製鋼筆，

100系列款式版本多達30幾種。而我們這次要介紹的款式，是包含最初期款式在內的各種珍貴款式。

的鋼筆多半用於出口至德國境外，在國內銷路不太理想。這也顯露了保守、喜好黑色的德國人特性，讓人覺得非常有趣。

標準款式價格親民

本篇介紹的款式以稀有品為主，因此平均價格較高。其實百利金100系列的標準款式只要4～5萬日圓左右就可以買到手。

100N綠 1938年以後
48,000日圓（未稅）

# 超稀有的100系列

以下要介紹的筆款,是過去10年內在中古市場沒有出現過的珍貴產品,每一支都是蒐藏者垂涎的名品,請大家用心觀賞。

**T111 Toledo**
**1931年～37年　750,000日圓**

在鐵製滑套(復刻品為銀製)上以蝕刻技術鑲上22～24K金,作工非常細緻縝密。筆夾上的鵜鶘嘴也是手工一點一點雕刻成形;是百利金迷垂涎的名品。

**100N 珠寶商款 全金外殼**
**1930年代中期　參考用**

在百利金的認可下,由Jeweler(珠寶商)生產的14K金款式,外殼滿滿覆上以手工雕刻的草紋。筆蓋頂端有鵜鶘刻印。

**101 藍(青金石藍)**
**1935～38年　780,000日圓**

與Toledo、紅(珊瑚)、綠(碧玉)並列,是古董百利金的巔峰之一。殘存數量極為稀少,一般認為是100系列中最難買到手的鋼筆,可以說是古董百利金的終極產品。

**101 紅(珊瑚)**
**1935～37年　750,000日圓**

天冠的文字是英文的「PELICAN」,可知這是一支出口用的筆。縮短的筆蓋天冠,是避免插在胸前口袋時遭扒手的一種防盜措施。保存狀況極佳。

**101N 金**
**1938～42年　460,000日圓**

以第二次世界大戰期間生產的鋼筆來說,算是豪華的款式。整體以純14K金,搭配麥桿紋與直線的圖樣變化。刻有代表純金的「14CT 585」刻印。沒有凹陷,保存狀態良好。

**100N 灰條紋(試造型)**
**1954年左右　140,000日圓**

從100N轉換到400系列的過渡期的試造型產品。使用100N和400系列的零件(筆尖與筆舌)。只有極少數流出市場。

**101N 蜥蜴紋**
**1937～51年　160,000日圓**

俗稱蜥蜴紋,彷彿蜥蜴外皮的花紋有棕色系和灰色系等,金屬部分也有金色和白色等類別。一般來說評價比龜殼紋稍微高一些。

**100N 黑灰 米蘭版**
**1939～42年　78,000日圓**

第二次世界大戰戰後,百利金將部分生產機械運往米蘭(義大利)生產。這個款式出自於米蘭工廠,筆桿一體成形(觀墨窗與套管無高低差)。

**Taylorix 黑**
**1949～54年　53,000日圓**

為辦公室用機器廠商Taylorix生產的副品牌產品。在「6-GP D07」刻印中,6代表鋼筆、G代表金筆尖、P代表百利金、D則代表碳粉影印用。

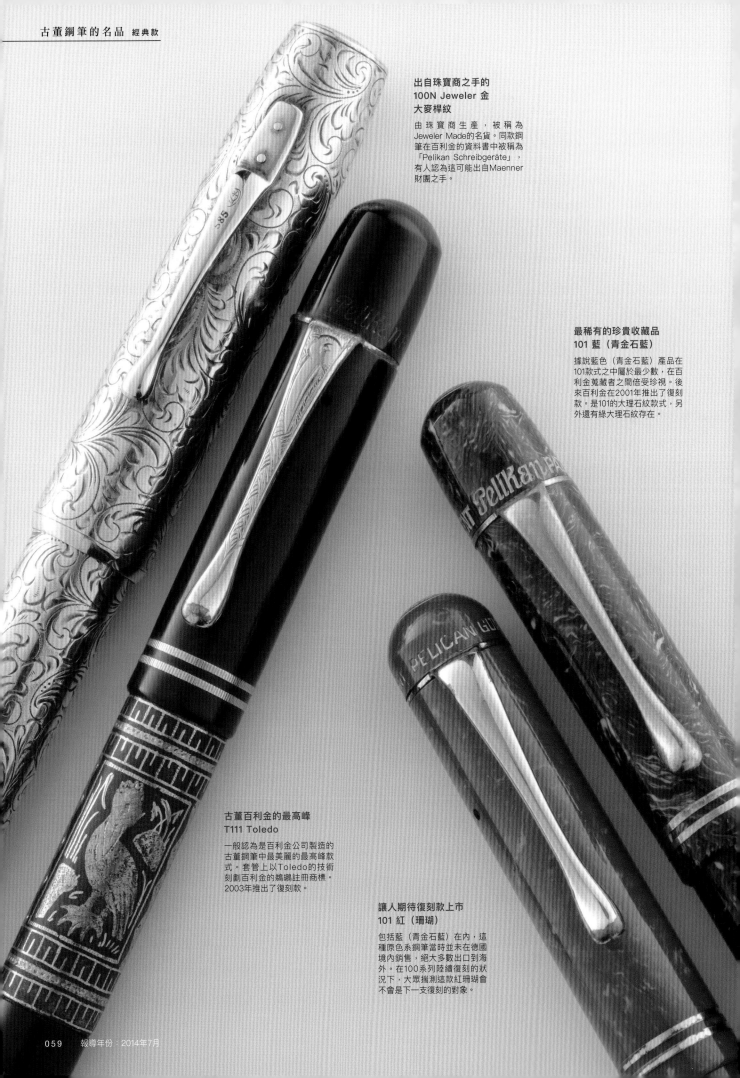

**出自珠寶商之手的**
**100N Jeweler 金**
**大麥桿紋**

由珠寶商生產，被稱為
Jeweler Made的名貨。同款鋼
筆在百利金的資料書中被稱為
「Pelikan Schreibgeräte」，
有人認為這可能出自Maenner
財團之手。

**最稀有的珍貴收藏品**
**101 藍（青金石藍）**

據說藍色（青金石藍）產品在
101款式之中屬於最少數，在百
利金蒐藏者之間倍受珍視。後
來百利金在2001年推出了復刻
款。是101的大理石紋款式，另
外還有綠大理石紋存在。

**古董百利金的最高峰**
**T111 Toledo**

一般認為是百利金公司製造的
古董鋼筆中最美麗的最高峰款
式。套管上以Toledo的技術
刻劃百利金的鵜鶘註冊商標。
2003年推出了復刻款。

**讓人期待復刻款上市**
**101 紅（珊瑚）**

包括藍（青金石藍）在內，這
種原色系鋼筆當時並未在德國
境內銷售，絕大多數出口到海
外。在100系列陸續復刻的狀
況下，大眾揣測這款紅珊瑚會
不會是下一支復刻的對象。

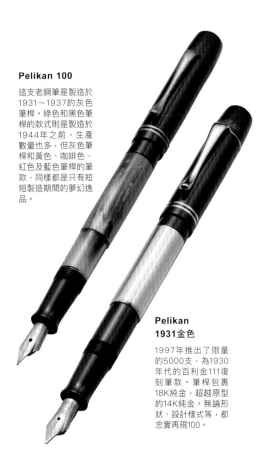

**Pelikan 100**

這支老鋼筆是製造於1931～1937的灰色筆桿的款式則是製造於1944年之前，生產數量也多，但灰色筆桿和黃色、咖啡色、紅色及藍色筆桿的筆款，同樣都是只有短短製造期間的夢幻逸品。

**Pelikan 1931金色**

1997年推出了限量的5000支，為1930年代的百利金111復刻筆款。筆桿包裹18K純金，超越原型的14K純金。無論形狀、設計樣式等，都忠實再現100。

# 回顧百利金100 新舊筆款大分析&研究

2019年正好是百利金初代筆款登場90週年。以百利金100為原型的魅力紀念筆款也趁勢登場。這回要來看看1997年登場的百利金100復刻版，與大約90年前的原型筆款有何不同，就連內部零件也要徹底檢視。

企劃·撰文 / 森睦 Mori Mutsumi

百利金的復刻版系列主要是以百利金100為雛型的高級筆款，還有近來以100N為雛型的大眾筆款。高級筆款方面，外觀上幾乎與原型筆款太大分別，材料方面也是採用跟原型筆款相同的材質（或是更高級的材料），像是硬質橡膠和賽璐珞等，再加以重現，每每總能獲得愛筆人的讚賞（和讚嘆）。

這次的「解剖」要來比較僅憑外觀難以分辨的內部構造。如果內部機構有明顯的變化，那麼究竟是改良呢？還是妥協呢？就讓我們帶著獨斷立場做深入分析。

# 活塞構造內部

　　不管是原型筆款或復刻版，活塞裝置都有3個零件，亦即活塞、固定活塞的零件和尾栓。就如同底下圖片所示，尾栓會先從活塞固定零件的右側，稍微旋入一定程度後，在這樣的狀態下，再從左側按壓活塞，使其與尾栓緊緊咬合。接著再將尾栓往右旋轉，如此3個零件就能固定住了。

　　接下來以往左旋轉的方向，將固定活塞的零件壓進筆桿之後，筆桿便能跟固定活塞的零件密合，達到可以吸墨的狀態。至於螺旋棒狀物的安裝，要特別注意原型筆款和復刻版是相反的。原型筆是在尾栓那邊，而復刻版則是活塞那一邊才是螺旋狀。

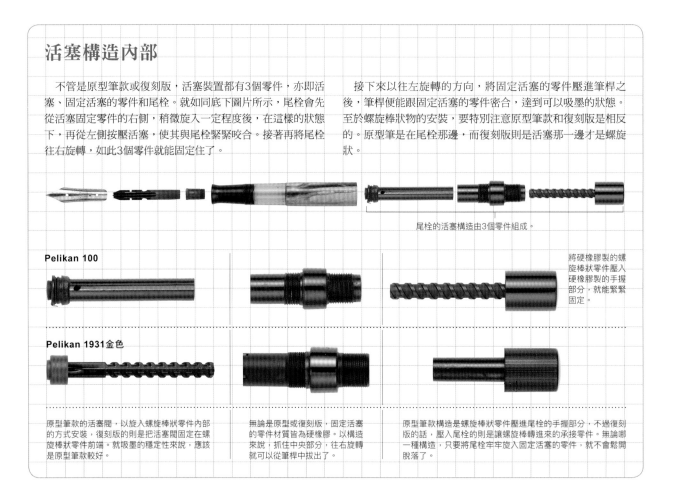

尾栓的活塞構造由3個零件組成。

**Pelikan 100**

將硬橡膠製的螺旋棒狀零件壓入硬橡膠製的手握部分，就能緊緊固定。

**Pelikan 1931金色**

原型筆款的活塞閥，以旋入螺旋棒狀零件內部的方式安裝，復刻版的則是把活塞閥固定在螺旋棒狀零件前端。就吸墨的穩定性來說，應該是原型筆款較好。

無論是原型或復刻版，固定活塞的零件材質皆為硬橡膠。以構造來說，抓住中央部分，往右旋轉就可以從筆桿中拔出了。

原型筆款構造是螺旋棒狀零件壓進尾栓的手握部分，不過復刻版的話，壓入尾栓的則是讓螺旋棒狀轉進來的承接零件。無論哪一種構造，只要將尾栓牢牢旋入固定活塞的零件，就不會鬆開脫落了。

**森睦** 2005年12月開設WAGNER鋼筆研究會。為了共享鋼筆知識與維修實務，熱情地推行活動中。隨時歡迎新會員加入。部落格「鋼筆評論房」。http://pelikan.livedoor.biz

# 外觀比較

在套上筆蓋的狀態下，原型筆款和復刻版的差別就只在於天冠的標誌。復刻版的百利金1931，標誌內側低調地刻著限量序號。百利金首次在1929年製造的活塞上墨式鋼筆Fountain Pen，2019年適逢90週年，而推出了紀念筆款「Herzstück1929」，筆尖部分刻有「90 Years」，天冠的形狀也與1929年的原型筆款不同。這個最新筆款與其說是復刻版，其實應該說是紀念筆款會更加貼切。

**Pelikan 100**

   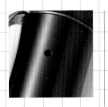  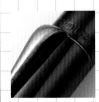

**Pelikan 1931金色**

   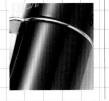  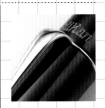

| **天冠上的百利金** | **筆蓋上的標誌** | **筆蓋上的孔洞** | **筆蓋環** | **筆夾形狀** |
| --- | --- | --- | --- | --- |
| 原型筆款的天冠是從1937年開始採用的標記（照片為停產那年的珍品）。復刻版的則是1931年當時的樣式。 | 原型筆款上有「Pelikan PATENT」字樣，復刻版的同一處則只有「Pelikan」而已。 | 復刻版的筆蓋沒有開孔，所以有時候也會發生拔除筆蓋時，墨水從筆蓋內噴出的問題。 | 復刻版幾乎忠實再現原型筆的樣式，這部分可以說是代表百利金對於這支筆款投注熱情的象徵。 | 復刻版的筆夾相當貼近原創筆款的筆夾。材質則是復刻版筆款較為優質。 |

# 筆尖與筆舌的部分

無論是原型筆款或復刻版，筆尖的構造都是由筆尖、筆舌和套筒3個零件組合而成。原型筆款的筆舌和套筒形狀與1937年～1954年製造的後續筆款100N不一樣，而復刻版的筆舌和套筒則是沿用了與同時期Souverän M400相同的零件。其實這是非常合理的想法，因為如果使用限量筆款專用的零件，之後要維修的時候，就很有可能發生因為零件難找，而乾脆放棄維修的情況。從以前到現在，百利金始終是貫徹合理主義的公司。

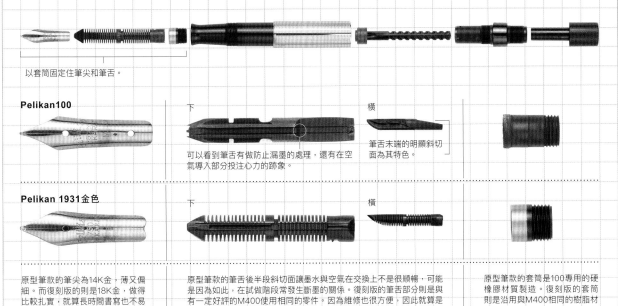

以套筒固定住筆尖和筆舌。

**Pelikan100**

下　　　　　　　　　橫

可以看到筆舌有做防止漏墨的處理，還有在空氣導入部分投注心力的跡象。

筆舌末端的明顯斜切面為其特色。

**Pelikan 1931金色**

下　　　　　　　　　橫

原型筆款的筆尖為14K金，薄又偏細。而復刻版的則是18K金，做得比較扎實，就算長時間書寫也不易感到疲累。

原型筆款的筆舌後半段斜切面讓墨水與空氣在交換上不是很順暢，可能是因為如此，在試做階段常發生斷墨的關係。復刻版的筆舌部分則是與有一定好評的M400使用相同的零件。因為維修也很方便，因此就算是限量筆款也可以盡情安心使用。

原型筆款的套筒是100專用的硬橡膠材質製造。復刻版的套筒則是沿用與M400相同的樹脂材質。

# 就是要百利金帝王系列的理由

屹立不搖的人氣品牌百利金的帝王系列鋼筆如此受歡迎的理由為何？這回請到對百利金鋼筆知之甚詳的山本英昭先生，來為讀者們講述其魅力。還有長時間使用一樣舒適的訣竅！

百利金日本股份有限公司　顧問

**山本英昭先生**

1937年出生。1956年進入丸善服務，任職於營業部等部門，1974年起負責丸善日本橋店的鋼筆賣場，1997年退休。歷經Sunrise貿易、寫樂鋼筆顧問，2001年起成為百利金顧問。目前依然每週六駐點於日本橋三越本店5樓的鋼筆賣場，活躍於銷售等活動中。

（實物大）

**M400**

「M400是百利金的基本尺寸。將筆蓋插到末端，頓時成為最適手的長度。M400就是首先想推薦的筆款。」山本先生如此說道。

本店鋼筆賣場，常備有20支不同字幅的已入墨鋼筆。讓民眾可透過實際使用已入墨鋼筆做試寫比較，選擇真正合乎自己需求的一支筆。

山本先生一定會透過自己的雙眼檢查賣場的鋼筆。不同於歐語系文字，日文最初下筆的那一點相當重要。著重在下筆瞬間是否乾淨利落，並加上必要的調整。賣場更常備放大鏡和維修道具，有書寫不順或問題發生時，就能當場解決。

「百利金算是很好調整的，因為基本性能扎實，所以才能用得長久。」

「百利金鋼筆的優點就在於，雖然是活塞上墨式，卻能維持在買得下手的價格。」一型號方面，山本先生則大為推薦M400。因為他在丸善工作的70年代，擁有大量銷售百利金400復刻版的經驗，認為M400的尺寸就是百利金傳統的基本款式。再加上試寫文字的話可用EF尖，學生的話可用F尖，字幅為F尖，寫文字的大小、鋼筆的握位和筆壓，選擇相當廣泛。不會將筆蓋插在末端的人可選擇M800，擁有許多鋼筆的人可挑M尖或B尖。M600較為中庸，M300和M1000則都是筆尖較軟款式，清楚「定位給老手使用」。山本先生負責的日本橋三越，連內行店員都認同的高精密度，支持著百利金不墜的人氣。

---

## 透過使用說明書和問題為例來學習　山本先生親自傳授　長久使用百利金帝王系列的祕訣

### 尾栓放鬆一點保留緩衝空間

尾栓的上墨旋鈕如果轉太緊的話，有時候會造成入墨的活塞部分在使用時脫落的情況（尤其是M300、M400、M600）。就好像汽車的方向盤也要有緩衝空間一樣，把入墨尾栓稍微放鬆一點吧。

### 鋼筆置於筆盒內時，筆夾應橫放或斜放

鋼筆置於筆盒內時，如筆夾朝正上方擺放，施加壓力之際，會透過筆夾前端造成筆蓋的負擔，恐有造成龜裂之虞。因此鋼筆放在筆盒內時，筆夾應橫擺或斜放，就當作基本常識記起來吧。

這裡會造成壓力。

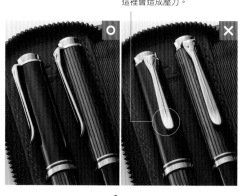

以Souverän M400和M800全字幅為主，還有M600、M1000、金屬製限定筆桿等共約20支，通通都已入墨，處於隨時可試寫的狀態。鋼筆是有個體差異的物品，就算同為EF尖，也有可以筆壓寫出較粗字體的筆款等等，這些都清楚記錄著，並銷售給最適合的顧客。

## 山本英昭先生的7樣道具

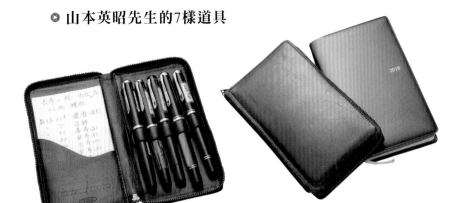

愛用的筆盒，是從丸善創業120週年的1989年起販售約20年左右的丸善原創商品（已停產）。雖然鋼筆是山本先生的私人物品，卻貼上了型號，並且會毫不吝惜地借給感興趣的民眾試寫。5×3的紙片寫著慶祝長壽的資訊。

山本先生愛用的筆記本及筆盒。筆記本裡記錄著超過1000名顧客清單，包括客人來店日期、購買款式、喜好等等，全都仔細地親手寫下。

用來清理筆芯墨水溝槽的小刷子等等。

常備400～4000號的砂紙和磨刀石（阿肯色油石）。當感覺鈖點顯得粗糙和不流暢時，做最輕微程度的調整。右上方那片則是用來說明帝王系列的直條紋。

不施加力道地以筆尖輕點，觀察墨水是否送到前端，這就是確認出墨狀況的基本方式。將面紙分成4等分備用，以免浪費。

---

### 握位（尤其是墊圈部分）的墨水要擦拭乾淨

帝王系列的鋼筆在握位部分有金屬環，上墨後，基本上要用面紙或軟布擦掉沾附在握位的墨水，尤其是金屬環的部分，一定要特別仔細擦拭。如果殘留墨水，很可能發生腐蝕的情況。

此為金屬部分腐蝕的案例。使用的是藍黑色墨水。

### 筆芯內的墨水勿放著不管

若筆芯在收納時還留有大量墨水，那麼在攜帶等情況下，墨水會噴濺在筆蓋內部，當準備書寫而把筆蓋插在末端時，有時墨水就會沾在尾栓而弄髒手。因此上墨後，基本上要逆向轉動尾栓，讓墨水滴2～3滴出來。使用鋼筆時，要仔細清除筆芯內殘留的多餘墨水（過剩）。

從側面觀察筆芯，如果看到鰭片沾滿了墨水，可拿面紙輕輕地吸附去除。

### 不要讓筆桿的「直條紋部分」浸泡在水裡

使用說明書上寫著，「帝王系列的筆桿所使用的材料，具有含水量過多的話便會膨脹的特性。因此請不要浸泡在水裡、放置在潮濕的場所或是帶有水分的布上」。尤其是透明纖維的部分容易膨脹，會導致筆蓋難以蓋緊的問題。所以只要浸泡到握位就好了。

由於筆桿內側有壓克力材質零件，無須擔心墨水造成膨脹。

# PILOT 1950～70年代的光輝

**Vintage PILOT**

## 50～70年代　百樂鋼筆發行歷程

| 年代 | 型號 | 內容 |
|---|---|---|
| 1953 | S28 | 53R型復甦 |
| 1954 | S29 | |
| 1955 | S30 | Pilot Super發售 |
| 1956 | S31 | |
| 1957 | S32 | |
| 1958 | S33 | |
| 1959 | S34 | Ultra Super（均衡型鋼筆）發售 |
| 1960 | S35 | |
| 1961 | S36 | |
| 1962 | S37 | Elite（8種特殊筆尖鋼筆）發售 |
| 1963 | S38 | Capless（旋轉式鋼筆）發售 |
| 1964 | S39 | Capless（按壓式鋼筆）發售 |
| 1965 | S40 | |
| 1966 | S41 | |
| 1967 | S42 | |
| 1968 | S43 | Elite S（18k金筆尖短式鋼筆）發售 |
| 1969 | S44 | Silvern（銀蝕刻系列）發售 |
| 1970 | S45 | |
| 1971 | S46 | μ701（短式鋼筆‧新造型一體成形鋼筆）發售 CUSTOM系列開始上市 |
| 1972 | S47 | |
| 1973 | S48 | 經文（般若心經）鋼筆發售 |
| 1974 | S49 | |
| 1975 | S50 | |
| 1976 | S51 | |
| 1977 | S52 | μ Rex（μ701的標準型鋼筆）發售 |
| 1978 | S53 | ELABO（新型筆尖鋼筆） 奢華型蒔繪鋼筆發售 CUSTOMgrandee、Grandam發售 聖經詞句鋼筆發售 |
| 1979 | S54 | Justus（硬軟切換式鋼筆）發售 |

**請注意1950～70年代！**

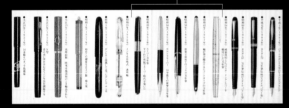

照片中是從創業～1991年的百樂鋼筆主要產品型錄。在50～70年代陸續推出了劃時代的產品類型。

Silvern、漆、蒔繪產品被歸類在「工藝品」（詳細參照P.70）。

距離現在大約40～50年前，曾經有過一段鋼筆能當作萬用贈品的時期。反正不要祝賀什麼，買一支鋼筆送人就對了。對現在的鋼筆廠商來說，是個夢幻的時代。本單元以鋼筆產業飛黃騰達的1950～1970年代的百樂產品為焦點，進一步探索那個時代的使用者所期望的鋼筆，而為了回應這些需求，百樂又推出了什麼樣的產品呢。

50年代的日本經濟是史上空前的絕佳景氣，這個時期也將電視機、洗衣機、電冰箱被稱作3種神器。在1952年開放使用金尖之後，各家廠商紛紛恢復生產，百樂也在次年推出金尖鋼筆53R型。以此為契機，一口氣加快鋼筆的研發速度，之後發表了紀念性的鋼筆產品：就是百樂Super鋼筆。後來還陸續推出了Capless、Elite、CUSTOM等暢銷商品。從以下介紹產品中，可以看出百樂長年培育的技術變革軌跡，非常耐人尋味。

撰文／藤井榮藏　攝影／北鄉仁　採訪協助／EUROBOX　報導年份：2014年12月
※各標價為2014年11月時EUROBOX的含稅價。

# 53R型

1952年日本政府解除金尖出口禁令後，百樂立即著手研發使用金尖的鋼筆。1953年復甦的53R型可以說是金尖產品的「前哨」。百樂趁此機會一口氣加快鋼筆研發，陸續推出純金鋼筆、Super等各種產品。

為了確認鋼筆的狀況以及有無維修必要，百樂向顧客寄出的問候明信片。上面登記著銷售門市的名稱。

**金箔筆蓋／黑色**
**1953年　13,000日圓／8,000日圓**

開放出口金尖後，隨即推出的產品是這款53R型。分為金箔筆蓋和樸素的黑筆蓋2種款式；同時也是最後一款拉桿式上墨的鋼筆。

# Super

Super配備全新的內管拉桿式上墨機制，也配備性能極佳的防止墨水滴落設計，真的是一支Super鋼筆。拉桿式和日本滴入式上墨的時代宣告結束，逐漸轉變為簡單又容易使用的方式。

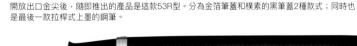

新產品介紹DM。用來寄給有鋼筆購買記錄的顧客，作為進一步促銷的手段。

**Super 200**
**1955年　13,000日圓**

Super系列的最初期款式（第一號）。一般來說Super系列的筆尖根部會有一個新月形的通氣孔，但是最初期款式沒有新月氣孔。上墨方法採用內管拉桿式。

**Super 300**
**1956年　15,000日圓**

筆蓋貼有金箔，在Super系列中屬於高級品。也有使用二號筆尖和特殊金尖的產品。筆尖根部開有新月形通氣孔。內管拉桿式。

**Ultra Super 500**
**1959年　78,000日圓**

漆黑筆蓋、特殊筆尖，每個細節都徹底講究的秀逸之作。漆黑款式有2種產品，加上金箔筆蓋款，合計共有3種產品。1995年推出的復刻品也頗受歡迎。

**Super U 綠色**
**1960年　12,000日圓**

U型號的名稱來自於筆桿的整體形狀（筆桿的剖面看來像是英文字母的U）。上墨採用拔起尾栓，順時鐘方向旋轉固定後，向下按壓的方式。

**Super　全鋁銀色**
**1961年　40,000日圓**

在Super系列中產量極為稀少的款式，是令收藏家垂涎的產品。內管拉桿式（基本上屬於墨囊式。拆下筆桿，拉起內管末端的拉桿後，扳動上墨）。也有金色款式。

# Capless

Capless的筆蓋上端兩側有白點。因為和西華的白點註冊商標相似，在上市半年後變更為黃色。

**Capless第1號 金色梨地 旋開式 1963年 58,000日圓**

Capless第1號。筆蓋的兩側有白點。採用旋轉筆桿後，閘門開啟，伸出筆尖的閘門開闔式。

**黑色 按壓式 1964年 14,000日圓**

最常見的款式，因為受消費者歡迎，銷路非常好。其他還有紅色、綠色、鈷藍色款式。

**短版 不鏽鋼 按壓式 1965年 10,000日圓**

短式鋼筆採用鋁製材質，重量非常輕。另外有按壓部分和前端顏色不同的款式。還有樹脂部分更長的版本。

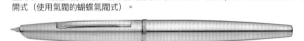

**金色梨地 旋開式 1965年 33,000日圓**

和有白點裝飾的最初期款式一樣，整體採用金色的梨地蒔繪加工，但這支筆沒有白點。旋開式的產量比按壓式少，在海外相當受歡迎。

**全18k鍍金 旋開式 1966年 40,000日圓**

整支筆18k鍍金的豪華版。上市當時訂價10,000日圓，是Capless中的高級款式。旋開式（使用氣閥的蝴蝶氣閥式）。

**白條紋 不鏽鋼 按壓式 1971年 45,000日圓**

有縱貫筆桿的白條紋的稀有款式。還有採用黑條紋的同樣款式，但是白條紋的產量非常稀少。按壓式。

**不鏽鋼 自重式 1968年 38,000日圓**

筆尖朝下，撥動筆夾上的按鍵後，就能推出筆尖的按鍵滑動式。產量比初期型的筆夾滑動式還少。

---

# 工藝品
## （Silvern・漆・蒔繪）

融合日本傳統的優雅工藝美，以及最新工學技術的鋼筆，就是「高級工藝品書寫用具」了。產品又可細分為Silvern（銀蝕刻）、漆、蒔繪等；這裡介紹的鋼筆都凝聚了百樂長年繼承、累積的傳統技術精華。

**Silvern 燻 1969年 35,000日圓**

這是以蝕刻液在金屬表面塑造各種紋路的特殊技術。這一款「燻」一如其名，是外型老成穩健的鋼筆。材料採用925純銀。

**Silvern 龍 1969年 35,000日圓**

這款產品採用的蝕刻技巧是百樂獨創的「曲面蝕刻」。使用925純銀（銀純度92.5%）為材料，在筆蓋與筆桿上塑造出浮雕的昇龍圖案。

**龍（韓國製） 1970年代 38,000日圓**

韓國製的Silvern十分寶貴，並不是很清楚當初為何授權在韓國生產。另外還有外層鍍著一層金屬的款式，不過都比百樂自行生產的要小一號。

**棋盤紋路 1969年 33,000日圓**

筆蓋與筆桿整體刻著圍棋棋盤紋路，筆桿採用14K金箔材質。另外也有紋路相同的銀製品。筆蓋上刻有「Elite」字樣，由此可知這同時也屬於Elite筆款。

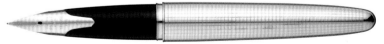

**Silvern 冬木立 1969年 35,000日圓**

蝕刻技巧和「冬木立」這個題材十分相稱，是一款美觀的鋼筆。冬木立的風景有一股蕭瑟氣氛，很能襯托蝕刻技巧的風味。另外，Silvern鋼筆的特徵是採用大型筆尖。

**Silvern 浮世繪 1969年 33,000日圓**

以浮世繪為題材的獨特鋼筆。其他蝕刻Silvern產品還有菊花、鶴、紋章等題材。Silvern的另一項特徵是筆尖使用觸感柔軟的銥銥合金。

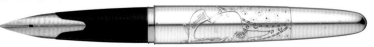

# Elite / Elite S Short

Super鋼筆進一步發展就成為Elite系列。當時大橋巨泉的電視廣告台詞：「外型嬌小，順手拔蓋，驚為天人……短信長文。」蔚為流行，造成爆發性的熱賣。

**Elite（黑色）**
**1968年 13,000日圓**

Elite系列中尺寸最大的產品。採用橡膠波紋管（風箱狀墨囊）上墨方式。按壓部位呈半透明，可以瞭解墨水剩餘容量。筆蓋正面刻有「Elite」字樣。

**Elite S（短版）**
**1968年 6,000日圓**

在巨泉的廣告促銷之下風靡一時的「Pilot Elite S」產品。產品的賣點是以短版筆桿搭配18k金大型筆尖，在當年紅極一時。套上筆蓋書寫時長度與一般鋼筆相同。

**Color Color**
**1969年**
**18,000日圓**

附有顏色不同的備用筆桿與筆蓋，可以享受隨時更換顏色組合的樂趣。保持銷售時包裝狀況的庫存品相當稀有。

**淑女 短版（花卉）**
**1975年 5,000日圓**

Elite S的爆發性暢銷，使業界湧起一股「短版鋼筆風潮」，各家公司紛紛研發短版淑女鋼筆。70年代因此成為短版淑女鋼筆的全盛時期。

---

**Silvern 般若心經 1976年 75,000日圓**

筆蓋和筆桿刻有般若心經經文。另外還有凸字類型產品，不過照片中的凹字類型較為稀有。雖然使用925純銀材質做蝕刻，但分類上屬於CUSTOM系列。

**Silvern 聖經詞句 1978年 55,000日圓**

筆蓋與筆桿上分別以日文和英文刻蝕新約聖經約翰福音的詞句。這款也是純銀蝕刻，但分類上屬於CUSTOM系列。

**工藝品 龜甲 1969年 98,000日圓**

使用蝕刻與塗漆二種技術製作的鋼筆。因為紋路類似龜殼，所以命名為「龜甲」。可能因為成本偏高，在中古市場上很少見到這款產品。

**工藝品 蔓草 黑漆 1969年 98,000日圓**

使用蝕刻與塗漆二種技術製作的鋼筆。另外還有顏色不同的「紅漆」款式。和龜甲相同，產量極為稀少。

**漆 經文〈般若心經〉 1976年 85,000日圓**

筆桿與筆蓋上的經文，是鍍上一層厚厚的黃金後再塗上一層漆。紅色的漆與厚重的鍍金相互對比，十分美觀。另外也有「黑漆」款式。

**漆 蜻蜓 1969年 55,000日圓**

花紋線條乍看之下彷彿蜻蜓翅膀，因此而命名蜻蜓。製作前先以特殊的油性液體滴在漆的表面，浮現出蜻蜓翅膀紋路，之後再將紋路轉印到產品上。

**Super 蒔繪 樂鳥 1959年 250,000日圓**

在筆桿上以日本傳統的蒔繪技巧繪圖，是百樂的拿手好戲。樂鳥是百樂蒔繪鋼筆的典型圖樣，筆桿上還有「國光會 松悅」的落款。

# μ系列

μ系列鋼筆的筆尖和握位一體成型，以「筆尖和筆桿合而為一的新造型一體成形鋼筆」作為宣傳口號。筆尖採用附有彈性的特殊合金，銥點則使用銥鋨合金，是一款象徵火箭時代的鋼筆。

**μ Rex　1977年　15,000日圓**
**μ Rex Lady　1979年　17,000日圓**

μ Rex的黑色鋼筆在1977年，紅色的Lady在2年後的1979年上市。紅色鋼筆比黑色短5mm。據說μ Rex的名稱來自於「μ的國王＝μ Rex」的含意。

**μ 701 黑條紋　1973年　25,000日圓**

這個款式的產品是在不鏽鋼筆蓋和筆桿上烤漆塑造黑線效果，產量比素色的701少很多，是極為貴重的產品。

**μ 701 白條紋　1973年　38,000日圓**

基本上和701黑條紋一樣，不同的地方在於線條是白色的。實際產量不明，但比稀有的黑條紋更少見。是各路收藏家所垂涎的款式，在二手市場上難得一見。

**μ 701 素色　1971年　15,000日圓**

μ的外型設計靈感來自於鉛筆型火箭。這款鋼筆之所以命名為701，是因為上市年份是1971年，有領導70年代的含意，同時也代表這是μ系列的第一款鋼筆。

**μ 90 <復刻>　2008年　15,000日圓**

μ701的復刻品。2008年上市後隨即被預購一空。除了天冠上鑲有藍色的人造尖晶石之外，其他部分與舊款幾乎沒有差異。

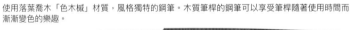

# CUSTOM

CUSTOM是徹底講究筆觸的系列。以Grandee作為系列象徵，研發出各種試圖讓書寫者感到滿意的產品。現在的CUSTOM系列也繼承了系列產品的精神。

天冠上的「P」字，在研發CUSTOM系列鋼筆時獲得採用；這也是CUSTOM鋼筆的象徵。

**楓 <木紋>　1971年　13,000日圓**

使用落葉喬木「色木槭」材質，風格獨特的鋼筆。木質筆桿的鋼筆可以享受筆桿隨著使用時間而漸漸變色的樂趣。

**條紋　1971年　10,000日圓**

採用不銹鋼材料，在筆桿上烤漆加上黑條紋。強而有力的線條充滿誘人的魅力。

**黑色　1972年　10,000日圓**

最標準的款式。CUSTOM產品的特徵是筆尖大又有彈性。此時生產的鋼筆的上墨方式幾乎全部採用吸卡兩用式。

**Grandee 楓 <木紋>　1978年　13,000日圓**

第二款使用色木槭材料的鋼筆，搭配非常柔軟的筆尖（M尖）；是善加利用木紋特色的獨特鋼筆。

# 其他款式

在經濟景氣，「有生產就有銷路」的時期，對廠商來說是進行各種研發，改良的機會，也形成了鋼筆革新的時代。當時為了因應時代需求，推出了許多手法嶄新、五花八門的產品。

**G300〈G〉 1962年 10,000日圓**

「G」是紳士（Gentleman）的縮寫。產品的特徵是鋼筆剖面像是荷蘭房屋的屋頂。上墨方式也很特別；首先拉起尾栓，向右旋轉固定後，再向下按壓。

**短版 1967年 5,000日圓**

以「筆桿能延伸的短鋼筆」作為宣傳口號。拔起筆蓋時，筆桿會往前延伸15mm，成為方便書寫的一般尺寸；套上筆蓋時，筆桿會自然往內縮。

**Grandam ELABO 1978年 15,000日圓**

ELABO產品的特色，是使用者可以挑選自己喜好的字幅，這款產品有SEF、SF、SM、SB 4種選擇。而且這是百樂和全國鋼筆協會的聯名商品，是講究筆觸的高級鋼筆。

**法國雕 銀箔 1969年 80,000日圓**

筆蓋和筆桿刻滿了繁複紋路，被稱作法國雕的極稀有款式。外型和Super很相似，但是被歸類在高級工藝品鋼筆。銀箔材質。

**Justus 1979年 15,000日圓**

以「一支筆寫出柔軟&剛硬筆觸」為賣點，操作控制器可以選擇喜好的筆觸、彈性。產品設計十分優越，往S方向旋轉，筆觸會變得柔軟，往H方向旋轉則筆觸變硬。

# Stulos

Stulos是希臘文，意思是在古希臘‧羅馬時代，用來在蠟板上刻字的棒狀書寫工具。又稱作尖筆，以尖端在板上刻字。在美索不達米亞、南亞則用來在黏土板或貝多羅葉上刻字。

**百樂製
銀製 1970年代 450,000日圓／18k金製（參考樣品）**

有銀製（2款）、金箔、18K金製等3種產品。18k金製的產品只有數支，十分稀有。曾經被向田邦子獎採用作為獎品。

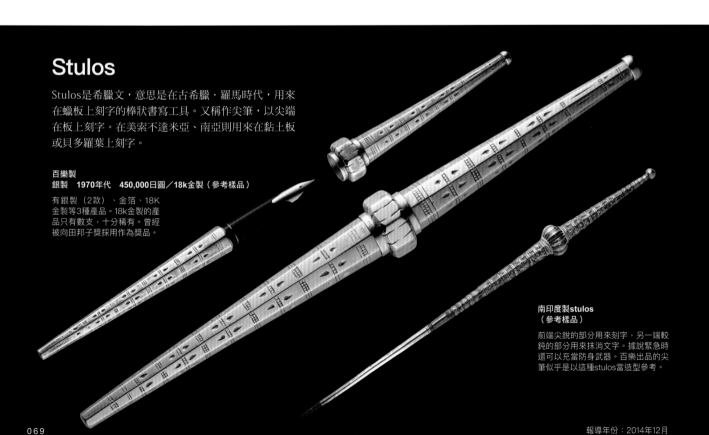

**南印度製stulos（參考樣品）**

前端尖銳的部分用來刻字，另一端較鈍的部分用來抹消文字。據說緊急時還可以充當防身武器。百樂出品的尖筆似乎是以這種stulos當造型參考。

# 30號筆尖上市紀念！
# 解析百樂「筆尖號數」之謎

百樂的筆尖上刻有各種各樣的圖紋。這些並不只是裝飾，其實是代表廠牌名稱‧廠商商標‧含金比例‧字幅‧JIS記號‧生產年月‧號數等等。這一回要來解析有關號數刻印的謎題。

企劃‧撰文／森睦 Mori Mutsumi

百樂在2016年推出了巨型鋼筆「Custom Urushi」。這款配備大型30號筆尖的鋼筆雖然是常態商品但銷路絕佳，目前在市場上幾乎看不到蹤影。由於看不到實物，鋼筆愛好者們儘管對30號筆尖極有興趣，但沒有人能對筆尖尺寸做一個有憑有據的說明。在這裡特別解析筆尖號數之謎，觀察各號筆尖的特色。

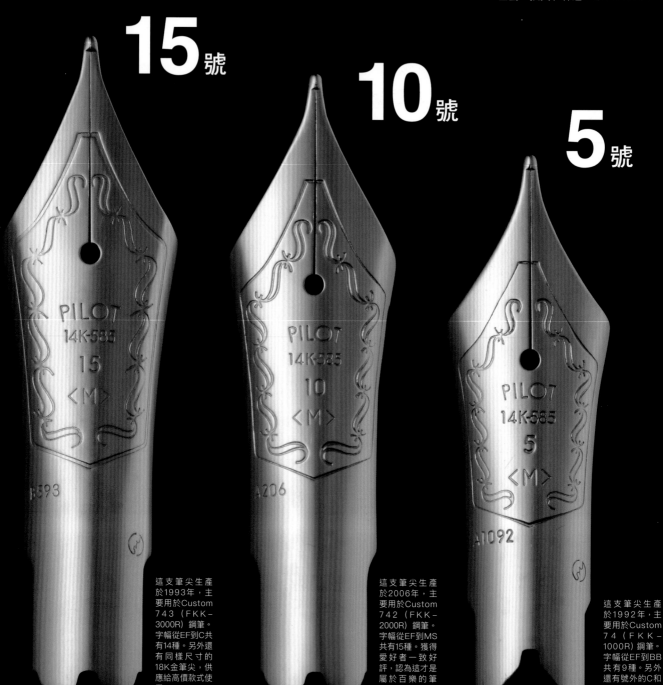

**15號**

**10號**

**5號**

這支筆尖生產於1993年，主要用於Custom 743（FKK-3000R）鋼筆。字幅從EF到C共有14種。另外還有同樣尺寸的18K金筆尖，供應給高價款式使用。

這支筆尖生產於2006年，主要用於Custom 742（FKK-2000R）鋼筆。字幅從EF到MS共有15種。獲得愛好者一致好評，認為這才是屬於百樂的筆觸。

這支筆尖生產於1992年，主要用於Custom 74（FKK-1000R）鋼筆。字幅從EF到BB共有9種。另外還有號外的C和MS等款式。

# 50號

# 30號

14 KARAT GOLD "PILOT" REGISTERED PATENT OFFICE 50

PILOT 18K-750 30 <M>

這支筆尖生產於2003年，用於超大型日本滴入式鋼筆漆黑型（FKK–10000R）。現在只有NAMIKI品牌還在使用。實際產品中，「50」的號數標示會被握位遮住。

2016年生產的18K金筆尖，用於Custom URUSHI（FKV–88SR）。字幅有FM·M·B3種，特徵是筆觸非常柔軟。

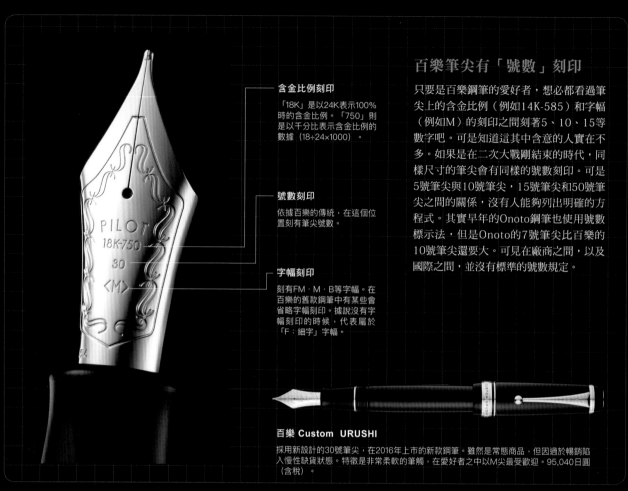

## 百樂筆尖有「號數」刻印

只要是百樂鋼筆的愛好者，想必都看過筆尖上的含金比例（例如14K-585）和字幅（例如M）的刻印之間刻著5、10、15等數字吧。可是知道這其中含意的人實在不多。如果是在二次大戰剛結束的時代，同樣尺寸的筆尖會有同樣的號數刻印。可是5號筆尖與10號筆尖，15號筆尖和50號筆尖之間的關係，沒有人能夠列出明確的方程式。其實早年的Onoto鋼筆也使用號數標示法，但是Onoto的7號筆尖比百樂的10號筆尖還要大。可見在廠商之間，以及國際之間，並沒有標準的號數規定。

**含金比例刻印**
「18K」是以24K表示100%時的含金比例。「750」則是以千分比表示含金比例的數據（18÷24×1000）。

**號數刻印**
依據百樂的傳統，在這個位置刻有筆尖號數。

**字幅刻印**
刻有FM．M．B等字幅。在百樂的舊款鋼筆中有某些會省略字幅刻印。據說沒有字幅刻印的時候，代表屬於「F：細字」字幅。

**百樂 Custom URUSHI**
採用新設計的30號筆尖，在2016年上市的新款鋼筆。雖然是常態商品，但因過於暢銷陷入慢性缺貨狀態。特徵是非常柔軟的筆觸，在愛好者之中以M尖最受歡迎。95,040日圓（含稅）。

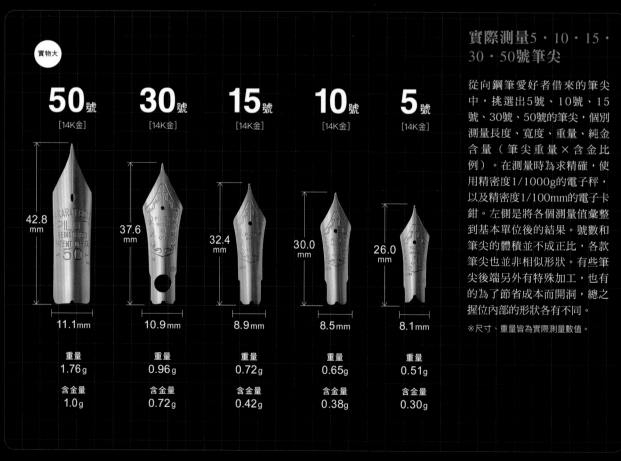

實物大

| 50號 | 30號 | 15號 | 10號 | 5號 |
|---|---|---|---|---|
| [14K金] | [14K金] | [14K金] | [14K金] | [14K金] |
| 42.8mm | 37.6mm | 32.4mm | 30.0mm | 26.0mm |
| 11.1mm | 10.9mm | 8.9mm | 8.5mm | 8.1mm |
| 重量 1.76g | 重量 0.96g | 重量 0.72g | 重量 0.65g | 重量 0.51g |
| 含金量 1.0g | 含金量 0.72g | 含金量 0.42g | 含金量 0.38g | 含金量 0.30g |

## 實際測量5．10．15．30．50號筆尖

從向鋼筆愛好者借來的筆尖中，挑選出5號、10號、15號、30號、50號的筆尖，個別測量長度、寬度、重量、純金含量（筆尖重量×含金比例）。在測量時為求精確，使用精密度1/1000g的電子秤，以及精密度1/100mm的電子卡鉗。左側是將各個測量值彙整到基本單位後的結果。號數和筆尖的體積並不成正比，各款筆尖也並非相似形狀。有些筆尖後端另外有特殊加工，也有的為了節省成本而開洞，總之握位內部的形狀各有不同。

※尺寸、重量皆為實際測量數值。

森睦　2005年12月開設WAGNER鋼筆研究會。為了共享鋼筆知識與維修實務，熱情地推行活動中。隨時歡迎新會員加入。部落格「鋼筆評論房」。http://pelikan.livedoor.biz

以30號為基準比較各號筆尖

| 筆尖號數 比較 重點 | 50號 | 30號 | 15號 | 10號 | 5號 |
|---|---|---|---|---|---|
| 長度 | 34 | (30) | 26 | 24 | 21 |
| 寬度 | 30 | (30) | 24 | 23 | 22 |
| 重量 | 55 | (30) | 22 | 20 | 16 |
| 含金量 | 42 | (30) | 17 | 16 | 12 |

↑

以上是將30號筆尖的長度、寬度、重量、含金量設為「30」時，和其他號數筆尖的比例數據一覽表。看來含金量的數據最接近號數標示，但並沒有嚴格的比例關係存在。

## 以30號為基準 比較長度·寬度·重量·含金量

左側的表是利用剛才的測量結果（P.46下方），改以30號筆尖為基準值（30），和其他筆尖的相對數值表。從這個表中可以得知，「5號筆尖的含金量相當於12號筆尖」。坊間傳說百樂的「筆尖號數與重量有關」，但這次的比較結果幾乎可以否定這項說法。有一家鋼筆店的店主說：「1萬日圓的鋼筆筆尖使用5號，所以2萬日圓的會採用10號。」這個說法還比較接近號數比例問題。因為如果以14K金30號筆尖製作樹脂筆桿鋼筆的話，價格要壓在6萬日圓也不是太困難。

### 軟尖的厚度稍微薄一點

以下從側面比較5號筆尖的M與SM（軟尖）。二款同樣都是越接近銥點厚度越增加，但SM尖最薄的部分厚度也比M尖薄。另外，SM尖左右兩側最寬的部分（俗稱肩部）也比較偏向後方。也就是說，SM尖從肩部到中縫的平均寬度較窄、材質較薄。這使得筆尖受到壓力時，抑制筆尖不要往上彎撓的力量比較小。

5號筆尖[M]

5號筆尖[SM]

### 軟尖的中縫比較短！

一般來說中縫（從心孔到銥點尖端的長度）較長，肩部較寬的筆尖會更容易彎撓。可是百樂5號筆尖的SM尖中縫反而比較短。以肩部來說，M尖（8.1mm）也比SM尖（7.7mm）寬。推測是因為SM尖的厚度比較薄，為了避免過度柔軟不方便寫字，所以縮短了中縫與寬度，藉此減少彎撓性（軟度）。

## 軟調「S」筆尖之謎

每一家廠商生產軟調筆尖的方式都不大相同。萬寶龍在60年代生產的二位數（例如NO.74）款式採用將筆尖壓平的方式，使得筆尖受壓時（不向兩側杈開）向上方彎撓。採用同樣設計的白金牌Century的SF尖也會產生有趣的彎撓效果。西華則是先將筆尖做出彎角，產生與向上彎撓一樣的效果。早年的天鵝（swan）和百利金＃500等，則是降低筆尖厚度，塑造出柔軟的效果。百樂的軟尖同時具有上述3種特徵；尤其Custom鋼筆的軟尖更是能塑造出傳統的「軟如纖毛」效果。這款筆尖採用降低厚度的方式，但並非單純地把厚度平均磨掉而已。

5號筆尖[SM] 8.7mm

5號筆尖[M] 9.6mm

SOENNECKEN'S
"RHEINGOLD" FOUNTAIN PEN
PROPELLING PENCIL AND RING BOOK

S

Three articles
indispensable for every modern man

319 L.W.E. engl. Din A4

1933年左右的促銷用廣告板。上面寫著：「3種文具——摩登男性隨身必備」。同時介紹了萊因河黃金鋼筆。

聲響清脆的按壓活塞、獨創的按鍵式機構、萊因河黃金和50年代的美麗賽璐珞筆桿、威風的硬質橡膠製總裁筆等；Soennecken的鋼筆有著其他廠牌沒有，彷彿魔幻一般的魅力。

說到德國生產的古董鋼筆，大家熟悉的品牌應該是萬寶龍、百利金了。其實有歷史更悠久的鋼筆廠商存在，那就是這回要介紹的Soennecken。接下來考究一下受人矚目程度正在攀升的Soennecken鋼筆。

Soennecken創業於1875年，公司位於科隆東北30公里處的雷姆沙伊德。創立者Friedrich Soennecken首先鞏固了生產筆尖和墨水的基礎技術，在1889年完成第一款鋼筆產品NO.543。這也是第一款德國生產的鋼筆。

Soennecken後來又陸續生產了各種鋼筆，最近開始受人矚目的是1930年代的萊因河黃金等賽璐珞鋼筆。尤其是50年代上市的鋼筆，花紋多采多姿又華麗，甚至超越了萬寶龍與百利金。

可是在華麗的賽璐珞產品背後，公司卻因為產品價格高昂而陷入困境，沒有獲得商業上的成功。這一點從還有多少鋼筆留存到今天就可以看得出來；數量和百利金、萬寶龍實在沒得比。不過也正因為稀少，收藏家才會卯足了勁到處尋找。

### 92年來的歷史

德國的辦公用具廠商（1875年創業）。1889年開始生產鋼筆，1967年被法國的Bayard併購後解散。

**1875年創業當時的公司**
第一棟辦公室位在科隆東北30公里處的雷姆沙伊德（Remscheid）

**創業初期的產品（1890年）**
1890年生產的544型鋼筆。第一款是1889年生產的543型。

**創立者Soennecken**
公司創業次年（1876年）時的創立者Friedrich Soennecken肖像。

撰文／藤井榮藏　攝影／北鄉仁　報導年份：2016年6月
※各標價為2016年6月時Euro box的含稅價／照片引用自當時的產品型錄及「Soennecken Schreibwaren 1890/91」

## 初期硬質橡膠產品

創業初期的鋼筆都採用滴入式上墨，到1905年左右引進了安全填充上墨，又在1919年引進拉桿式上墨。用途多半為辦公室用品。

**544（後期型） 1900年左右 98,000日圓**

544型從1890年開始生產。照片中這款推測是在1900到1911年之間生產的後期型。滴入式上墨的鋼筆都採用直線造型。以辦公室用途的鋼筆來說，外觀顯得精簡。

**UTILITAS 407 1919年 78,000日圓**

拉丁文UTILITAS是「實用」的意思。安全填充上墨鋼筆，整體刻有紋樣。辦公用途。

**820a 1920年代 110,000日圓**

820a型鋼筆，是在安全填充上墨鋼筆款式中屬於比較大型的產品。名稱掛有「a」字代表短筆桿款。這款產品一直生產到1930年代後期。

## 萊因河黃金

「萊因河黃金」（Rheingold）這個名稱來自於沿著萊因河鋪設的鐵路「RHEINGOLD EXPRESS」。在當時是最高級的旗艦款產品。上墨方式採用特殊結構的按鍵式機構。

天冠上的「S」記號是SOENNECKEN的縮寫，周圍的線條代表著「像太陽一樣的燦爛光輝」。

**915綠松石（藍與青銅） 1932年左右 200,000日圓**

915的初期型號沒有觀墨窗。要到了1915（4位數）型號上市才改為透明的觀墨窗設計。第一款生產於1928年。

**915黑 1932年左右 108,000日圓**

因為沒有觀墨窗，可判斷屬於初期款式。引進有觀墨窗的改良型（4位數）之後，這個舊款停產。按鍵是以酪蛋白塑膠製造。

**1913黑 1936年左右 78,000日圓**

1913型是追加了透明觀墨窗的改良型產品，從1936年開始生產。以體積來說，在產品中屬於第二大的型號。

**911鮭魚紅 1933年左右 220,000日圓**

被稱做鮭魚紅的紅色產品殘存量極為稀少。筆蓋上刻有D.R.PATENT字樣。

**911 14k純金 1933年左右 380,000日圓**

根據推測，這是珠寶款產品。筆夾上刻有SOENNECKEN字樣。以SOENNECKEN來說，純金款式的產品極為稀有。

---

### 獨特的上墨機構

上墨機構有相當明確的特徵。尤其萊因河黃金引進的按鍵式（附護蓋）和1950年代的按壓活塞更是獨特。

**按壓活塞**

拉開尾栓解鎖後向左旋轉。向右轉收回尾栓，最後當引導環的卡榫嵌回榫槽內，發出聲音後，就完成上墨了。

引導環的卡榫嵌入榫槽內就會自動上鎖的機構。在1956年停用。

**按鍵式**

把按鍵的護套向左轉就會露出白色的按鍵。按壓5、6次就可以完成上墨。護套不會離開筆桿，不用擔心遺失。

基本上屬於橡皮墨囊上墨方式。不使用時，白色按鍵會以護套包覆著。

## 總裁筆

以代表國家・企業領袖的「總裁」（Präsident）命名的這款鋼筆，是繼萊因河黃金之後的招牌商品。在第二次世界大戰期間的1942年宣告停產。

### 總裁筆（氣閥蓋）初期款 1935年 樣品

1935年上市的最初期款式。筆蓋上的氣閥（鼓起部分）鑲有飾環。1935年起出現在產品型錄上，不知道為什麼很快就宣告停產。

### 總裁筆（氣閥蓋）1935年 198,000日圓

總裁筆是為了和萬寶龍的大師傑作系列對抗而製作的產品。當時的訂價和萬寶龍的124款差不多。

### 總裁筆1（氣閥蓋）1937年 220,000日圓

總裁筆是從萊因河黃金系列衍生出的系列產品。數字的「1」代表大型產品。硬質橡膠製品。

### 總裁筆 1938年 148,000日圓

後期的賽璐珞製品。筆蓋上有二圈飾環，筆夾的線條也顯得較為圓潤。體積比1型產品小一號。

### 總裁筆（氣閥蓋）1938年 138,000日圓

後期款的大型產品。按鍵護套上刻有BBS字樣，BB為字幅，S代表Oblique（傾斜）。

---

## 賽璐珞

「一說到Soennecken的鋼筆，就想到賽璐珞。」Soennecken鋼筆的花樣繁複華麗，遠超過其他廠牌；尤其1950年代的111更是讓人驚艷。

### 主要花樣種類

**人字紋**
複雜交會的線條看來又像是「V」字。

**蜥蜴紋**
浮現成串的小型方塊。

**銀線**
如骨牌一樣排列在板子上。

**珍珠紋**
長短不一的珍珠線條複雜交會。

**珍珠大理石紋**
較為常見的大理石紋模樣。

**直條紋**
在珍珠色紋樣上刻畫著黑色系線條。

### 111 EXTRA 檀木 人字紋 1952年左右 138,000日圓

在111、222、333產品中，又細分為EXTRA（大）、Superior（中）、Lady（小）款式，有8種人字紋。444產品只有EXTRA和Superior，沒有Lady款。

### 111 EXTRA 黑檀木 人字紋 1952年左右 138,000日圓

111 EXTRA的筆尖很大，據推測是顧慮其他廠商的產品而刻意加大尺碼。在EXTRA產品中還有所謂的1 Senior款式。

### 111 Superior 淡棕色 人字紋 1952年左右 128,000日圓

深色部分和淡色部分的對比非常美麗。按壓活塞還有避免使用者在上墨完畢以後過度鎖緊尾栓的效果。

### 111 Superior 海綠色 人字紋 1952年左右 135,000日圓

111和222是1950年代的旗艦款式，由於價格高昂，銷售上陷入困境。另外還有採用一般活塞上墨的1型產品。

### 222 EXTRA 紅蜥蜴紋 1952年左右 108,000日圓

這個系列的產品，筆桿和握位一體成形。筆桿、觀墨窗、螺紋、握位各有不同的濃淡顏色，非常美麗。

### 222 EXTRA 綠蜥蜴紋 1952年左右 108,000日圓

百利金的蜥蜴紋是平面設計，相形之下Soennecken的蜥蜴紋特徵是呈現了立體效果。另外還有壓低成本的普及品2型（一般活塞上墨）。

### 222 Superior 黑 銀線 1952年左右 75,000日圓

銀線部分並非只是單純的線條，而是順著筆桿扎入銀色的薄板，彷彿骨牌一樣。

### 333 Superior棕色 珍珠直條紋 1954年左右 36,000日圓

和高級款式111、222相較，333是準普及款式，但作工依舊細緻。尺寸和萬寶龍144差不多。另外還有素色的廉價版444型產品。

## 風味十足的周邊產品

身為文具用品廠商，Soennecken也推出了豐富的周邊產品。雖然外型不花俏，但每一件都能讓人感受到廠商的用心。

### 小巧的紙盒
和今日大型又華麗的盒裝相較，這種單純簡明的感覺也挺不錯的。

### 電木製墨水瓶
瓶蓋上的老鷹是Soennecken的商標。在1930年代時常刻在產品筆桿上，但因為和國徽相似，在二次大戰後停用了。

蛇型筆擱。原來還有這種產品！刻有廠商名稱。

## 充滿個性的觀墨窗

Soennecken對於觀墨窗也相當講究。廠商能在這種地方下功夫，真是讓人開心，使用起來更覺得愉快了。

可看到黑色的方塊浮在觀墨窗裡。

紅色更能凸顯顏色濃淡，非常美麗。　圓窗。風雅又逗趣。

---

**1310 淡綠色 珍珠大理石紋 1936年左右 88,000日圓**

為了不落人後，1310和1306採用了活塞上墨方式。這是從萊因河黃金衍生出的型號，天冠刻有S字樣。

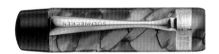

**507 紅 Pearl Hatch 1938年左右 70,000日圓**

帶有珍珠色調的線條複雜交織的花紋，是Soennecken特有的設計。到了這個時代，除了總裁筆以外一律採用活塞上墨方式。

**508 Lady 珍珠&黑 1938年左右 75,000日圓**

二次大戰以前生產，相對少見的Lady-508。色澤鮮明的珍珠紋&黑色就像寶石一樣地耀眼。

**510 銀綠 Pearl Hatch 1938年左右 65,000日圓**

有人把這個花紋稱做綠色糖果條紋。活塞上墨式，天冠上刻有老鷹商標。

**52 藍 珍珠大理石紋 1938年左右 65,000日圓**

除了觀墨窗以外，外觀和派克的DUOFOLD Junior一模一樣的52型鋼筆。活塞上墨式，天冠有老鷹商標。

**112 黑 1947年左右 25,000日圓**

大戰剛結束後推出的不鏽鋼筆尖產品。雖然波昂工廠在戰爭中燒毀，但還是勉力推出了出口用產品。另外還生產了506．萊因河黃金．總裁筆等產品。

**103 灰 珍珠條紋 1952年左右 38,000日圓**

筆桿直徑約10.6mm．長117mm（套筆蓋時）的小型產品。產品雖然小，但讓人驚訝的是這還是活塞上墨鋼筆。

**11 自動鉛筆 檀木人字紋 1952年左右 40,000日圓**

111款的自動鉛筆產品。這個系列的自動鉛筆基本上花紋和鋼筆採用同樣的設計。

**855 Bayard 1960年左右 15,000日圓**

法國Bayard投資後的款式，產品刻有Bayard和Soennecken字樣。外型設計和高昂的售價不成比例，銷售不佳。

# 夏目漱石深愛的英國品牌

# De La Rue ONOTO

「ONOTO」這個名字聽起來，是否帶有一絲奇妙的韻味呢？這是由英國最古老的製筆商De La Rue所製造的鋼筆。1907年，由丸善開始進口至日本。受到那極致美妙的筆致所吸引，夏目漱石和其他許多文豪也都相當喜愛。這回整理漱石所愛的歷代ONOTO製品，剖析該品牌的精髓。「寫起來十分舒服流暢，相當愉快」，漱石曾在投稿文章裡提到ONOTO的筆致，就讓我們沉浸在這樣的思緒當中，一同愉快探尋ONOTO吧。

1821年，托馬斯・德拉魯（Thomas De La Rue）在倫敦創辦了De La Rue這間印刷公司。1881年研發出非針尖式自來水筆（anti-stylographic pen），並在往後數年陸續推出趨近於現代鋼筆設計的「Swift」和「Pelican」，並於1950年打造出墨水自動吸入式的鋼筆「ONOTO」。

而不久之後，Bulldog、Mammoth、Magna等名號響叮噹的產品陸續問世，並且ONOTO甚至被讚譽為傳奇鋼筆，不過卻在1958年停產，為54年的歷史劃下句點。2004年，以「Onoto Pen Company」之姿重新復活，悄悄展開全新「ONOTO」事業。

**1910 / 1920年代的雜誌廣告**
不會漏墨、自動吸入、墨水不髒手、可調整出墨量等等，ONOTO把宣傳重點放在便利性。

ONOTO這個品牌堪稱是De La Rue的代名詞。英國製造的筆桿銘刻DELARUE & Co LTD LONDON，美國製造則銘刻T.D.L.R.。

**參考文獻**
2016年秋天出版《Onoto the Pen》，作者為英國ONOTO收藏家Stephen Hull（史帝芬・赫爾）。本圖鑑介紹了約1000支ONOTO製品。

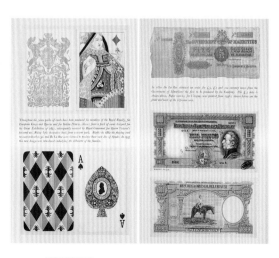

**從印刷業起家**
創業當時為撲克牌、紙鈔、郵票的最大製造商。左上角的維多利亞女王御用撲克牌，曾在1851年的倫敦萬國博覽會展出。

**創辦人**
**托馬斯・德拉魯**
1793年出生於英國皇家屬地耿西島的英國人，28歲創辦De La Rue，1866年逝世。

撰文／藤井榮藏　攝影／北鄉仁　報導年份：2016年12月
洽詢：EuroBox TEL 03-3538-8388 www.euro-box.com
※各標價為2016年12月時EuroBox的含稅價。

**雙筆舌的筆尖**
1905年最早期的Onoto到1920年代中期,都是採用硬質橡膠材質的雙筆舌。

**獨特的硬質橡膠材質筆舌**
上下筆舌為一體成形的U字狀,上頭有數個小孔可透氣。

# 解讀Onoto 5大關鍵

## 1. 雙舌筆尖

最早期的Onoto筆尖造型奇特,筆尖上下還加裝筆舌。俗稱「雙舌」的裝置具有穩定墨水流量的功能,其他製造廠商也曾經使用。

**Pelican的筆尖**
Pelican的筆尖內側,只有將根部做得較為厚實,還不到筆舌的程度。

## 4. Self-Filling

Self-Filling指得是自動吸入裝置(負壓上墨式)。主要特色是自動吸入、不漏墨、可調整出墨量及吸入量多。

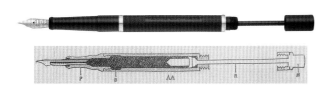

寫有ONOTO SELF-FILLING(自動吸入)文字的產品盒。當中還附有使用說明書。

## 2. 由丸善輸入日本

丸善約從1907年開始將Onoto進口至日本。丸善的內田魯庵顧問就建議,相對於高級的Onoto,價格低廉的筆款有其必要性。丸善採納了其意見,於是向De La Rue公司訂製了產品,「ORION」鋼筆就此誕生。捨棄負壓上墨裝置,採用單純的日本滴入式,因而得以壓低售價,也因軟筆尖受青睞,而帶來不錯的銷量。右方照片為當時刊登於丸善萬筆目錄中的廣告。

**ORION 日本滴入式**
為符合丸善的低價筆款的訂單,De La Rue公司製造出了這款日本滴入式鋼筆,相當值得一提。價格為2日圓80錢,不到Onoto的1/2。

## 5. Magna

Onoto Pen Company於2004年底設立,並在2005年讓「Onoto」復活。作為Onoto誕生100週年紀念推出的Onoto The Centenary Pen,為復刻自1937年的Magna1837。

新 2005年 Onoto Centenary Pen

舊 1937年 Magna 1837 黑色 負壓上墨式

比較新舊Magna

**筆尖**

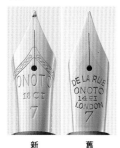

新　舊

**筆夾天冠標誌**
1937年的製品刻上取自創辦人姓名首字母的T.D.L.R,而復刻品上則是ONOTO字樣的商標。

新　舊

## 3. 夏目漱石的Onoto(Pelican)

日本文豪夏目漱石用過的鋼筆,有自丸善購入的Pelican及內田魯庵贈送的Otono N型號。墨水則喜歡用復古褐色。

**夏目漱石實際使用過的Onoto N型號 負壓上墨式**
漱石因為漏墨問題不太喜歡Pelican,但對於魯庵所贈送的Onoto,他卻留下「寫起來十分舒服流暢,相當愉快」的評語。這支鋼筆的筆尖已經不見。(收藏於縣立神奈川近代文學館)

**Pelican 滴入式(推測是漱石曾用過的筆款)**
漱石曾在丸善買過2支Pelican,但已都不知去向。據推測,其中1支可能就是這種筆款。

# 硬質橡膠筆桿

從De La Rue創辦時期到1920年代的筆桿材質，都是以射出成形的Vulcanite（硬質橡膠）為主流。

## Pelican 滴入式 1898年 參考品

De La Rue創辦期的鋼筆筆款之一。由筆蓋、筆尖、筆桿A、長筒狀筆桿B、尾筒這5個零件所組成。雙筆桿構造是為防止墨水漏墨。

## Onoto Chevron 紅色 負壓上墨式 1909年 68,000日圓

這款刻有T.D.L.R.的硬質橡膠鋼筆，據推測為美國製造。黑色的筆舌本來為紅色，紅色款相當稀少。

## Onoto Chevron 綠色 負壓上墨式 1909年 80,000日圓

這款也刻有T.D.L.R.，推測為1909～12年時的美國製造產品。綠色硬質橡膠製品極為罕見，堪稱超珍貴製品。

## Onoto Mammoth（雙舌） 負壓上墨式 1909年108,000日圓

因其大尺寸而取名為Mammoth（猛獁象）。而其中像這種雙舌款的Mammoth極為少見。加上筆蓋後的長度真的非常猛獁象，幾乎長達20cm。

## Onoto Valveless 滴入式 1916年 65,000日圓

沒有吸墨構造，筆桿為無起伏筆直型而取名「Valveless」。墨水以滴管注入筆桿。是Onoto相當稀有的類型。

## Onoto Safety 旋轉式 1917年左右 100,000日圓

為製造於第一次世界大戰期間的鋼筆，因此又被稱為「Military Onoto」。據說曾以固體墨水的形式帶到戰地使用。

## Onoto 2500 Streamline 負壓上墨式 1920年左右 35,000日圓

椎狀握位，並且筆蓋直接蓋至筆桿部分，而非只到握位，這種款式被稱為Streamline。於1920年左右開始採用此樣式。

## Onoto 6200 Streamline 負壓上墨式 1920年左右 63,000日圓

導入最新科學技術和職人工藝，Streamline筆款以新時代筆款之姿登場。附4號尖。

## Onoto 1850 Mammoth 短版 負壓上墨式 1924年 140,000日圓

短版的Mammoth以1850標準號稱之。擁有全長達4cm的大筆尖，中間刻有數字8。筆蓋口以厚實的18K金製造，相當豪華。

## Onoto 1800 Mammoth 長版 負壓上墨式 1924年 148,000日圓

「偉大的男性就該用偉大的鋼筆，可整整使用1個月」，Mammoth以這樣的文宣登場。內田魯庵也使用過同款鋼筆。筆夾部分刻有PAT1922，附8號筆尖。

## Onoto 3500 Slender 負壓上墨式 1920年代後期 58,000日圓

因其細長款式而得此名。筆桿的環狀刻有DLR18CT字樣。筆尖柔軟具彈性。

## Onoto 9090 拉桿上墨式 約為1930年代 88,000日圓

自1930年代開始採用的復刻版筆款，被稱為全新Mammoth，與1924年的初期型號做出區別。使用4號筆尖。

## Baby Onoto 旋轉式 1930年代中期 40,000日圓

這款小巧的「Baby Onoto」於1930年代發售，也進口到法國等歐洲市場。

## 巨大的Onoto「Bulldog」

名為Bulldog的這款粗壯鋼筆，從頭到尾都相當巨大。直徑18mm，墨水吸入量6cc，可說是格外龐大。刊載於1912時期的丸善型錄，但銷售情況如何則是未知。丸善的內田魯庵顧問對於Bulldog也沒有留下相關描述。時至今日，可以說有如幻影般的一款鋼筆（負壓上墨式，1909年330,000日圓）。

## 墨水隨身盒

1870年代時製造出了如右圖的隨身瓶。為非針尖式自來水筆和Swift筆款專用。

1930年代的Onoto墨水瓶。還有補充用的大瓶裝（6,000日圓）。

**口袋式墨水架（攜帶型）**
**1890年代 45,000日圓**

攜帶型墨水架。只要按下鐵製本體的一角，就會隨即立起。一打開蓋子，就能看到小小的墨水瓶映入眼簾。

**Onoto 6000 鋼筆、自動鉛筆套組（盒裝）**
**負壓上墨式 約為1925年 55,000日圓**

鋼筆、自動鉛筆、筆芯之3件式組合。另外也有包含通訊簿及筆記本的套組。在裝訂部分下的功夫也激起不少人的購買欲望。

# 金屬筆桿

金屬製鋼筆是支撐De La Rue黃金時代的重要產品，堪稱De La Rue的看家本領。

**Pelican 銀色 滴入式 1902年**
**220,000日圓**

基本構造如右圖上的1898年製品，但是經過改良，能夠穩定墨水流量的版本。並非日本滴入式，而銀色款式並沒有進口到日本。

**Onoto Silver Overlay 負壓上墨式 1909年 140,000日圓**

亦被稱為渦流紋的這款Silver Overlay（鍍銀），是Onoto的經典筆款之一。是被稱為O型的短版筆款。

**Onoto Silver Overlay負壓上墨式 1909年 130,000日圓**

整支筆充滿了美麗的機刻花紋，筆桿銘刻D.L.R.Co.。也屬於原裝正品的筆夾，亦有在商店中販售。

**Onoto Silver Overlay負壓上墨式 1910年 220,000日圓**

這支筆款採用創新的渦流花紋，作工乍看之下有如工藝品般細膩，如此的夢幻逸品令人聯想到De La Rue的黃金時代。這樣的全長尺寸被稱為N型。

**Onoto Solid Gold Filigree 負壓上墨式 約1912年**
**180,000日圓**

這款N型Filigree（金絲細工），鏤空的部分精心塗上亮漆，可說是極為貴重的筆款。由於不見De La Rue London的認證標誌，推測可能為美國製造。

**Onoto Blue Enamel Overlay 負壓上墨式 約1914年 130,000日圓**

sterling silver（925純銀）搭配琺瑯（七寶）的頂級珍品。像這樣上琺瑯塗料的筆款，可說是極其稀有的貴重存在。

**Onoto 6290 9CT黃金 負壓上墨式 約1925年 180,000日圓**

9CT黃金搭配流線型的筆款，居然意外地少。筆蓋、握位、筆桿、尾栓都刻有代表9K的9.375認證標誌。

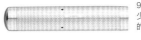

**Onoto Silver Overlay** 負壓上墨式 約1915年 105,000日圓

這種名為Chevron的山形紋路是經典花紋之一，也有硬質橡膠材質製成的筆款。筆桿銘刻有D.L.R.Ld.。

**Onoto 9CT黃金多功能筆（鋼筆＆自動鉛筆）拉桿上墨式 1936年**
**180,000日圓**

因為兼具鋼筆與機械裝置的自動鉛筆2種功能，而被稱為「Combo」（多功能）。自動鉛筆的金屬零件、導桿部分、筆桿、握位、筆蓋和筆夾，通通都有銘刻。

**Onoto 9CT黃金自動鉛筆 旋轉式 1938年 98,000日圓**

這款1938年的9CT黃金機械式自動鉛筆售價，在當時可是Magna 1861的2倍以上。這樣就能了解到有多昂貴了吧。

**Onoto 9CT黃金（盒裝）負壓上墨式 約1915年**
**180,000日圓**

纖細的縱切線搭配散布的點狀，這種花紋被稱為「線＆點」。有如高級化粧盒般地高雅。

**Onoto Silver Barley負壓上墨式 約1941年 98,000日圓**

這種帶有錐狀筆夾的可愛小巧型鋼筆，約自1937年開始推出。金銀組合的金屬款最具人氣。

**De La Rue Silver Chatelaine筆盒 1904年 88,000日圓**

隨身攜帶型筆盒。就連這樣的配件也深具De La Rue風格。為洋溢維多利亞時代風情的珍品。

# 賽璐珞·樹脂筆桿

賽璐珞材質的筆桿，大約是從1920年代中段開始出現。
鮮豔的賽璐珞製品一出現，也大大擴張了筆款的陣容。

**Onoto Viridian Green 拉桿上墨式 1930年代初期 58,000日圓**

拉桿上墨式鋼筆在1920年代初期登場。此為罕見的綠色無筆夾款式。儘管名為Viridian Green（鉻綠），但其實比較接近草綠色。與左下的Regina Blue同尺寸。

**Onoto 7070 Regina Blue 拉桿上墨式 1930年初期 60,000日圓**

這種鮮豔的藍色被稱為Regina Blue，為稀有花紋之一。拉桿前端刻有T.D.L.R.。

**Onoto 3050 Black 負壓上墨式 1936年 28,000日圓**

為負壓上墨式產品中的傳統款式。從1936年的價格表來看，這款被定位在廉價筆款。

**Onoto·Minor 1201 Brickwork 負壓上墨式 1937年**
**35,000日圓**

整體為半透明狀的賽璐珞材質，可以清楚看見墨水殘量。亦被稱為「visible ink」（可視墨水），為其一大賣點。

**Onoto 5601 Green Mesh 負壓上墨式 1938年**
**38,000日圓**

半透明的網狀般花紋稱為「Mesh」（網孔），在當時的廣告文宣裡，介紹其為「流行筆款」。

**Onoto 601 Junior Brown Pearl 拉桿上墨式 1937年 30,000日圓**

就如同「Dainty（可愛）601」這個名稱，筆款本身小巧而纖細。價格也很親民，如字面所述，適合初階使用者。

**Onoto 540 Pellet Ink（使用固體墨水）滴入式 1940年**
**參考品**

這款鋼筆極為罕見，使用的是固體墨水。筆桿下方有6個固體墨水的收納空間。固體墨水用的時候要以水溶開，戰地也會使用。

## 固體墨水

固體墨水為直徑7mm、厚約1.5mm的片狀物體。固體墨水1個可切做4片，每次放1/4到筆桿當中，加水溶解就能使用。1/4片剛好等於是1支鋼筆墨水的份量。

**台筆 負壓上墨式 1930年初期 48,000日圓**

在工廠遷移到蘇格蘭的1927年之後，才開始製造台筆。有拉桿上墨式和負壓上墨式，而且因為有附筆蓋、筆夾，就算沒有筆座也可使用。

**Onoto 6235 Green Marble短版 負壓上墨式 約1950年 38,000日圓**

1950年代有各種珍珠紋路的嶄新筆款陸續問世，但因為買氣不振而逐漸減少生產量。照片上附的是大型5號筆尖。

**Onoto 5601 Blue Marble長版 負壓上墨式 約1950年 36,000日圓**

在採用嶄新款式的1950年代當時，掀起了從未有過的一股熱潮。這款5601也是當時的嶄新款式之一。

**Onoto 5601 Red Marble 短版 負壓上墨式 約1950年 36,000日圓**

5601短版的握位比長版的還要短，具適度彈性的筆尖符合Onoto的風格。

**Onoto Lever Pen Gray Pearl 拉桿上墨式 約1950年 33,000日圓**

各種名為「Lever Pen」類型的拉桿上墨式鋼筆，是在1950年代開始才登場。也很適合搭配花紋及給新手使用。

**Onoto 6235 Green Marble長版 負壓上墨式 約1950年 38,000日圓**

這款長版光本體就有18cm長，最適合在無蓋狀態下書寫。吸墨量為量多的1.5cc，雙色5號筆尖則是偏軟的筆尖。

**Onoto K-4 Demonstrator 活塞式 約1955年 45,000日圓**

導入K系列廉價筆款的1955年時期，正值銷售情況大幅衰退，其他所有產品全都停止製造。K系列的Onoto是De Le Rue最後的產品。

# Magna

Magna在拉丁語中代表「偉大」的意思，此筆款於1937年登場。共有4種款式14個種類。

**Onoto・Magna 1873 黑色 負壓上墨式 1937年 130,000日圓**

「大筆尖鋼筆，男人的鋼筆」，就是Magna的文宣。擁有自豪的2.8cc龐大吸墨量，真不愧為男人的鋼筆。採用7號雙色筆尖。

**Onoto・Magna 1873 金棕色 網孔 負壓上墨式 1937年 158,000日圓**

金棕色的網孔紋路，半透明筆桿擁有號稱「淡淡的可視效果」，只要透過光，就能看到墨水殘量。另外還有編號1876的14K金筆蓋口的Magna款式。

**Onoto・Magna 1861 黑色 負壓上墨式 1937年 100,000日圓**

1861的基本規格與1873是一樣的，但相異點在於筆蓋口較細上一圈，筆尖用的是6號筆尖，價格方面比1873便宜2成左右。筆尖具有彈性。

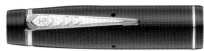

**Onoto・Magna 1861 銀色 網孔 負壓上墨式 1937年 110,000日圓**

有銀色網孔紋路的筆夾和筆蓋口，都是使用鉎金屬製造。筆尖為6號雙色筆尖。在戰爭時期的1940年，所有的Magna筆款都不得不停止製造。

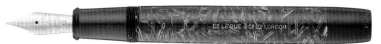

**Onoto・Magna 1703 黑色 拉桿上墨式 1950年 110,000日圓**

為1873與1873的綜合復刻版，這款新誕生的筆款被稱為New Magna。筆蓋口的3條環狀稍微比戰前的款式細一點。筆尖採用7號全金色。筆夾的墊片較薄也是此筆款的特色。

# 昔日的精美義大利鋼筆

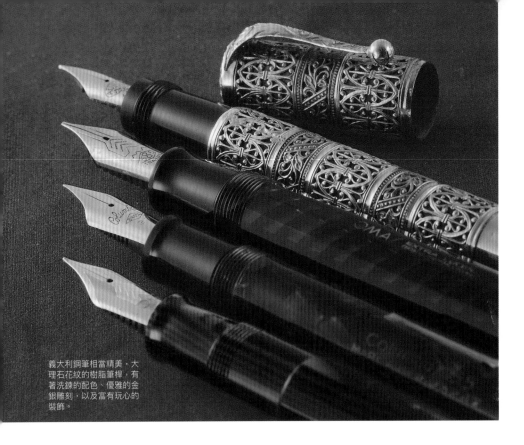

義大利鋼筆相當精美，大理石花紋的樹脂筆桿，有著洗鍊的配色、優雅的金銀雕刻，以及富有玩心的裝飾。

參考文獻：作為義大利鋼筆收藏家而聞名的Letizia Jacopini著作，共分為I、II冊。

從1910到1930年代，義大利誕生了無數鋼筆。包含較小眾的品牌在內，當年鋼筆品牌的數量輕輕鬆鬆便能破百。當年除了硬質橡膠筆款、帶有精心雕琢的雕刻之筆款，還有色彩鮮艷的賽璐珞製筆款，可以說網羅了所有能夠想像得到、以各種材質和裝飾製成的筆款。風靡一時的義大利鋼筆究竟是什麼樣的鋼筆呢？讓人不禁想一邊回顧過往的名筆，同時對其起源一探究竟。

尤其值得大書特書的，便是當時廠商間盛行提供彼此技術協助，這是在其他國家看不到的特徵。從這一點能夠窺見盛極一時的義大利鋼筆深奧之處，以及工匠們的熱忱。

雖然有許多老品牌發展到半途便夭折，但也有數個品牌在克服艱難後重生。※ASC目前不再打著OMAS的品牌製造鋼筆，旗下產品皆標誌為ASC這個新品牌。

## 義大利鋼筆品牌變遷簡略年表

| 年代 | 事件 | 品牌 |
|---|---|---|
| 2010 2000 1990 1980 1970 1960 1950 1940 1930 1920 1910 | | |
| 2001復業 | 1955左右 停業 | 1911 NETTUNO |
| 2007回歸萬特佳家族 | | 1912 Montegrappa |
| 2001 由Richemont收購 1992復業 | 1965停業 | 1916 TIBALDI |
| 現為Santara Srl公司 | 1955停業 | 1918 Columbus |
| 1988復業 1975停業 | | 1919 Anchor |
| | | 1919 AURORA |
| | | 1925 OMAS |
| 2016由Armando Simoni Club（ASC）收購 2017改為全新品牌Armando Simoni Club（ASC） | 1950年代停業 | 1926 S.A.F.I.S. |
| 1973 Stipula | | |
| 1982 DELTA | | |
| 1988 VISCONTI | | |
| 2017停業 | | |

撰文／藤井榮藏　攝影／北鄉仁　報導年份：2017年9月
※各標價為2017年9月時EuroBox的含稅價。

# Montegrappa

萬特佳作為義大利首間鋼筆製造商而馳名，其名稱源自位於巴薩諾的格拉帕山。

### ELMO 38 硬橡膠安全筆　1925年左右 48,000日圓

萬特佳以製作筆尖起家，隨後開始陸續製作安全筆和賽璐珞鋼筆等。此筆款為有著「Lilliput」別稱的最小筆款，筆尖上帶有ELMO的刻印。

### Extra 深棕條紋　1940年左右 43,000日圓

二戰時期由於難以取得金屬或高級材料，因此筆尖和筆夾都改為不鏽鋼製。是款只要旋轉尾栓，墨囊就會受到擠壓而吸入墨水的奇特筆款，尾栓帶有專利標記。

### 深棕大理石紋 有環天冠　1930年代　鋼筆35,000日圓 / 鉛筆1.18mm 13,000日圓

邁入1930年後，萬特佳製造多種顏色的賽璐珞製筆款，相當受到歡迎。此筆款為採用有環天冠設計的可愛款式，義大利製的有環天冠，幾乎都附帶如照片般的纓子。

### 52 斑紋 紅色硬橡膠 安全筆　1926年左右 47,000日圓

萬特佳於1926年將公司名稱變更為「Industria PenniniOro e Penne Stilografiche –Elmo」，筆尖上有著首字母I.P.O.P.S.E的刻印。

### Reminiscence Slim Vermeil　1983年　27,000日圓

以1915年左右推出的Vintage Montegrappa（安全筆）為原型所製作的復刻筆款。另外也有鍍銀、鍍金的希臘紋款式。

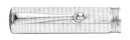

### Cigar（純銀款）　1997年 35,000日圓

既粗且長有如香菸，有著cigar（雪茄）稱呼的筆款之復刻品。採用能掌握墨水殘量的特殊機構。

### Extra1930 玳瑁棕　925純銀　2005年 118,000日圓

透過傳統製造技術而再次復甦的1930年代賽璐珞製鋼筆，普遍認為是在當年的工廠生產製造。

# TIBALDI

TIBALDI和AURORA及OMAS同為業界龍頭，創始人Giuseppe Tibaldi在Giovanni Benelli的協助下，研發出類似派克真空鋼筆的上墨機構。

### Extra No.8 安全筆　1920年代 120,000日圓

TIBALDI持續生產安全筆直到1940年代。此為1920年代初期剛創業時的筆款之一，在筆桿上有著FIRENZE的刻印，為大型鋼筆。

紙箱上文字意為「義大利最初也是最重要的鋼筆製造商」。

# NETTUNO

據信為義大利最古老的鋼筆廠商，雖然留存有1911年時的廣告傳單，但真正留存在公文上的記錄卻始於1916年。在這5年間並沒有可信賴的資訊，其創業年份至今仍舊是個謎。

### Junior 灰色大理石紋（多福款式）　1920年後期 49,000日圓

採用派克旗下多福鋼筆款式的筆款，創始人Vecchietti和OMAS的創始人Simoni為盟友，因此也有由OMAS製造的筆款。

### Export 灰條紋　1940年代　45,000日圓

邁入1940年後，鋼筆造型逐漸向流線型靠攏。筆尖部分刻有創始人夫婦的姓名縮寫A.C.V.

# AURORA

1919年由Isaia Levi於杜林創業。AURORA在拉丁文中意指「黎明」，
也是義大利歷史悠久的鋼筆製造商之一。

**包金安全筆　1925年左右　280,000日圓**

草創時期的鋼筆以字母縮寫標記分類，R.A.代表安全筆，尺寸有00到05。尾栓底側有著R.A.3
的刻印，精緻的金屬雕刻有如黃金打造的寶物。

**Spana 藍色大理石&金線 大型鋼筆　1933年左右　88,000日圓**

造型優雅的Spana筆款，分為大型和中型2種尺寸。雖然上墨的基本構造和按鍵式相同，但改以
拉動特殊的圓形按鈕拉桿進行上墨。

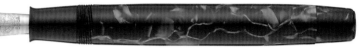

**Novum 珍珠灰條紋　1935年左右　65,000日圓**

擁有多種顏色和筆款的大眾系列。運
用郵購和型錄等媒體發動銷售攻勢，
大為暢銷。藉由拉動拉桿來上墨。

**Selene 深棕條紋　1940年左右　45,000日圓**

為二戰時所推出，採用鈀金以節省成
本的筆款。1945年因戰爭影響不得
不中斷生產，但隔年便恢復供應。

**AURORA 88 黃金筆蓋　1947年　33,000日圓**

近似於PARKER 51的AURORA 88，
搭上戰後景氣復甦的順風車而大為暢
銷，據說銷售數量高達100萬支。尾
栓為硬質橡膠製。

**AURORA 88 深棕　1991年左右　88,000日圓**

這支有著深棕大理石紋的筆款，雖然
筆桿部分和Sigaro很類似，但握位使
用樹脂材質，並擁有細長的天狗筆
尖。據信販售數量為數不多。

**AURORA75 創業75週年紀念筆款 1994年 98,000日圓**

施以傳統扭索紋雕刻的此款華麗鋼筆
非常受到歡迎，也是款彰顯出工匠技
藝的傑作。限量1919支。

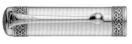

**Dante Alighieri　1995年　108,000日圓**

以深綠底色襯托純銀鍍金之金屬裝飾
的逸品。天冠上但丁的臉分為朝向右
側（義大利國內市場）和朝向左側
（國外市場）。

---

## 被稱為AURORA之謎的神祕鋼筆
# Ethiopia（象牙白）

ML系列（軍用）之一。據傳是為了參與第二次義大利衣索比亞戰爭的將官所製作，也
有一說是為紀念戰勝而推出的筆款，是支至今仍舊籠罩在謎團中的鋼筆。

**Ethiopia　1936年左右
560,000日圓**

擁有古羅馬軍團鷹徽
的刻印。

**固態墨水錠
使用方法**

從筆尾蓋內取出固態墨水錠，塞入筆桿內後加水。將握位套
回，稍微搖晃均勻後再行使用。

筆尾蓋內可收納固態墨水
錠。

# OMAS

1925年由Armando Simoni於波隆那創立。Simoni熟知希臘文化，據說
他對希臘文化的熱忱都反映在鋼筆的各個細節上。

**Extra 藍色大理石紋 鋼筆／鉛筆套組 1935年左右 660,000日圓**

伴隨「卓越技藝的證明」之標語，OMAS於1932年製造了各種顏色的賽璐珞製Extra筆款。其中
大型的藍色大理石紋筆款，被視為最出眾的珍稀逸品。

蜥蜴紋的收納盒上，
用義大利文寫著「卓
越技藝的證明」。

**Extra Lucens 大型鋼筆 黑 1938年左右 290,000日圓**

在拉丁文中有「光輝」之意的Lucens，推出後立刻晉身為旗艦筆款。是筆蓋正面有著AS刻
印、極其稀有的大型鋼筆筆款。負壓上墨。

**Extra 紅色大理石紋 1932年左右 108,000日圓**

OMAS於1925年左右採用拉桿式鋼筆。
筆桿多為12角或圓形這2種規格，以多
彩的賽璐珞製成。此為圓形筆桿的後期
產品。

**Extra 白金 1936年左右 118,000日圓**

進入1930年代後，造型變得更加時
髦。採用希臘紋的筆蓋口，相傳代表了
Simoni對希臘文化的熱愛。

**Extra 珍珠藍 淑女鋼筆 有環天冠 1936年左右 48,000日圓**

自1930年代後半到40年代，OMAS也推出了
多款淑女鋼筆。款式包括有環天冠、筆夾式、
拉桿式、按鈕式。

**Extra 珍珠灰 1946年左右 108,000日圓**

戰後OMAS的產品在技術層面和外
觀上都有巨大改變。當時採用了活
塞式機構，並在筆桿上配置觀墨
窗。

**Extra 557/S 珍珠灰 1955年左右 88,000日圓**

型號中的7代表大型鋼筆，S則代表
筆桿為圓柱形。首尾兩端有如砲彈
（Ogiva）的造型，日後便由各式
Ogiva筆款繼承。

**Dama 珍珠灰 1967年 55,000日圓**

以Dama（貴婦）命名的這支小型鋼筆，有著
柔軟的筆尖。OMAS為Officina Meccanicha
Armando Simoni的縮寫。

**Saffron Blue 賽璐珞系列 釘 1997年 118,000日圓**

以Saffron Blue為底色，融合金色
和淺土黃色所形成的色相堪稱優
雅，OMAS於2014年推出了復刻筆
款。

**Paragon Hi-Tech Arco Green 賽璐珞系列 2000年 118,000日圓**

由於賽璐珞具毒性及可燃性，因此
禁止用於製作鋼筆。如今OMAS旗
下的Arco系列，被稱為是全世界最
美的賽璐珞鋼筆。

**Paragon Precious Arco Brown Vermeil 1999年左右 148,000日圓**

在賽璐珞系列中也是格外光彩耀眼
的此一筆款，擁有「有價寶石」的
稱號，是製造期間極短的超稀有筆
款。

**Extra Lucens Blue Skeleton 2000年 135,000日圓**

依據1930年代Extra Lucens製
成的復刻筆款，還原度幾近百分
之百。Lucens在拉丁文中有「光
輝」之意。

**Arco Brown Ogiva Prototype 2011年左右 120,000日圓**

將Ogiva樣式與Arco筆款融合的限
定產品，其複雜的木紋有如寶石般
美麗。以Proto（試作品）刻印代
替產品編號。

**ASC（Armando Simoni Club）Bologna Extra Arco Brown 2017年 120,000日圓**

繼承了OMAS遺產的ASC，於2016
年以絕無僅有的珍貴賽璐珞切割製
作成引以為豪的大型鋼筆。為活塞
上墨式。

# Columbus

Columbus是義大利最風靡一時的製造商之一，他們針對廣大的使用者，推出從高級筆款到一般筆款的各種鋼筆。

### Gold Overlay 鉛筆　1920年代
### 98,000日圓

1920年代製造的稀有望遠鏡式鉛筆。只要握住筆桿，將筆蓋上緣朝外拉，筆芯的夾頭部分就會推出。芯徑為2mm。

### Extra 98 紅色大理石紋　1937年左右　108,000日圓

受到派克真空鋼筆大獲成功的影響，因此採用同樣的筆夾。造型有如湯匙的拉桿，被稱為「茶匙拉桿」。

戰前的收納盒尺寸相當小，上頭寫著「14K金尖─安全的鋼筆」。

### Columbus 55 珍珠藍　1937年左右　108,000日圓

55在Columbus的製品中最為長壽的筆款之一。即使在艱困的時代背景下，仍持續製造直到1950年代初期。拉桿式。

### Extra 134 珍珠棕條紋　1948年左右　83,000日圓

130系列有大、中、小等3種尺寸，134系列則為大型筆款。筆蓋上的筆夾形似Eversharp的筆夾造型。

# Anchor

據說創立於1919年，但實際上約於1920年左右開始製造鋼筆。美麗的古董賽璐珞鋼筆廣獲好評。

### Maxima 翠綠大型鋼筆　1938年左右　93,000日圓

伴隨「滿足您的所有願望！」這句標語所推出的Maxima，是以製造高品質產品為目標的筆款。上墨機構是類似Onoto的負壓式。

### Lusso 38 珍珠綠大型鋼筆　1950左右　98,000日圓

Lusso是奢華象徵的高級筆款，雖然價格不菲，但由於搭上景氣良好的順風車，因此相當暢銷。品牌名稱Anchor意指船錨。

# S.A.F.I.S.

1926年左右於杜林創業，販售The King，Radius，Astura等名牌品，初期由OMAS提供技術協助。

### The King 包金　1926年左右　130,000日圓

S.A.F.I.S.前身「The King Società Anonima Torino」時代所推出的筆款，相傳由OMAS負責安全筆的製造。

### Radius Superior Red Burl　1930年代　68,000日圓

Radius品牌由1935年左右開始製造鋼筆，Radius有Superior和Extra這2個系列，色彩繽紛的賽璐珞筆桿相當受到好評。

# 小眾品牌與子品牌

戰前有許多小型廠商，彼此提供技術協助的風氣頗為盛行，甚至也有許多子品牌會依據客戶類型改變產品規格。

### E.E.ER CLESSI　黑色安全筆　1920年代　40,000日圓

ER CLESSI於1921年創業，2名經營者和OMAS的Simoni關係良好，初期推出的安全筆係由OMAS負責製造。

### Kosca 珍珠綠　1940年左右　18,000日圓

1920年代由德國企業家創立，初期生產金屬包覆鋼筆，30年代開始製造賽璐珞鋼筆，直到1950年代中期都有持續製造鋼筆。

### Minerva Classica 珍珠灰　1934年左右　39,000日圓

Minerva是由OMAS製造的子品牌產品。直到1960年代，OMAS都持續生產Minerva的賽璐珞鋼筆。筆桿上有著註冊商標的刻印。

### Saratoga 透明　1940年代　45,000日圓

自1936年左右開始製造鋼筆。由於經營者同時也負責代理派克產品，因此和派克的真空鋼筆有幾分相似。

## Foreign pens made in Italy
# 於義大利生產的他國品牌鋼筆

二戰之前，歐洲的鋼筆業界國際交流便相當興盛，尤其市場規模龐大的義大利更是具有魅力的生產據點，各廠商紛紛爭先恐後地以進軍義大利為目標。

筆桿上有著 FABBRICATA/FABBRICATOIN ITALIA（義大利製）的刻印。

PARKER DUOFOLD Junior
珍珠綠
1930年左右　63,000日圓

Pelikan 520
包金
1950年左右 158,000日圓

MONTBLANC Platinum Gray
Crips（Prototype）
1930年代　280,000日圓

MONTBLANC Italian
（包金）
1922年左右 198,000日圓

---

# Stipula

據點位於托斯卡尼區弗羅倫斯的鋼筆製造商。運用風貌萬千的賽璐珞素材，製造出優雅又富有趣味的鋼筆。

**Novecento Terra 1993年　53,000日圓**

以生長於Stipula創業地弗羅倫斯丘陵（Terra）的橄欖葉為靈感，所推出的限量產品。表面以塗漆加工。

**Iris　2000年 58,000日圓**

有著特殊機構的鋼筆，只要取下筆蓋，將其套在尾栓並旋轉，就能將筆尖推出。筆夾可360度旋轉，為活塞上墨式。

---

# DELTA

1982年於南義大利帕雷泰（Parete）創業。堅持手工製造，憑藉獨家素材和具獨創性的構思，持續推出美麗的鋼筆。

**Venezia　1998年 69,000日圓**

象徵水都威尼斯的限量產品。疊上金色的群青色，讓人聯想到威尼斯的大海。筆蓋環上有貢多拉船和獅子像等雕刻。

**Dolcevita Oro Vermeil 大型鋼筆　2010年**
**35,000日圓**

「Oro」在義大利文中意指「黃金」，由傳統技藝工匠製作的艷麗鋼筆，確實堪稱是媲美黃金的傑作。鮮明濃烈的橘色，為以南義大利的驕陽為靈感。活塞上墨式。

---

# VISCONTI

1988年於弗羅倫斯創業，VISCONTI的鋼筆經常融合了洗鍊設計和革新技術。

**Kaleido Voyager 暴風藍　1996年左右 35,000日圓**

以「萬花筒般的宇宙行船」為名的此一筆款，在深藍底色上四處摻入了淺藍和淺粉色，有如真正的宇宙一般。

**Skeleton Titanium Power Filler　2002年 68,000日圓**

此筆款採用稱為Power Filler的雙儲墨器系統，是一直以來持續研發最新技術的VISCONTI自豪之作。

## 重新檢視古董鋼筆流行前的經典款、傑作

# 1980〜90年代的鋼筆

### 限量筆款興盛的時代

從市面上消失的鋼筆中，確實有優秀出眾的筆款存在。當然，每個人各有其價值觀，對於鋼筆的評價自然有所不同。

某些鋼筆在推出當時並不暢銷，但隨著時代變遷，反而得到了平反；相反地，偶爾也有當時熱賣，如今卻被人視若無睹的筆款。

這次我們將目標集中在1980到1990年代，一邊探究當時的市場取向，同時挑選出數款值得關注的鋼筆。

從80到90年代，可說是限量筆款激增的時代。雖然早在60年代，便有PARKER 75等限量筆款掀起話題，但各家廠商正式投入市場，要等到80年代末期左右。邁入90年代後，限量筆款的市場一口氣熱絡起來。

包括筆尖、筆舌、上墨機構、造型設計和鋼筆完成度等層面，依據廠商和鋼筆個體差異，製作方的講究之處和著力點也都有所不同。以尋寶的角度觀察這些特徵也是一種樂趣。

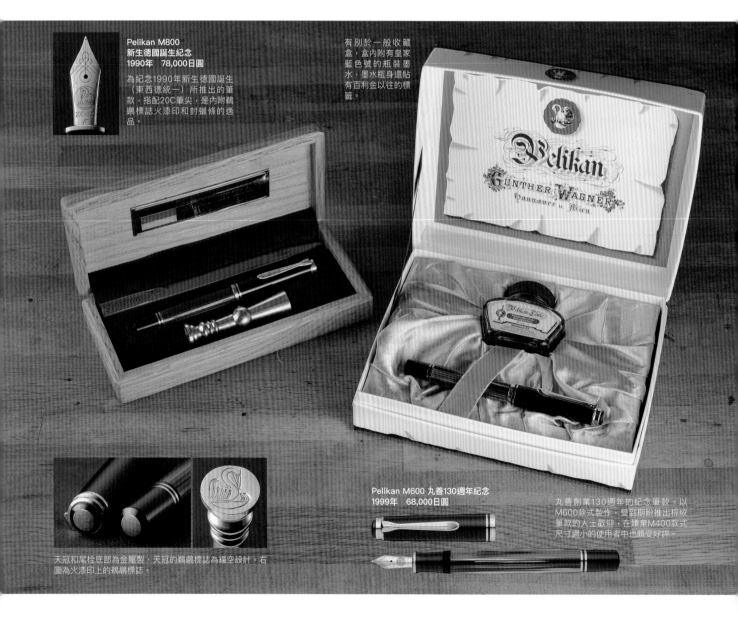

**Pelikan M800**
**新生德國誕生紀念**
**1990年　78,000日圓**

為紀念1990年新生德國誕生（東西德統一）所推出的筆款，搭配20C筆尖，是內附鵜鶘標誌火漆印和封蠟條的逸品。

有別於一般收藏盒，盒內附有皇家藍色號的瓶裝墨水，墨水瓶身還貼有百利金以往的標籤。

天冠和尾栓底部為金屬製，天冠的鵜鶘標誌為鏤空設計。右圖為火漆印上的鵜鶘標誌。

**Pelikan M600 丸善130週年紀念**
**1999年　68,000日圓**

丸善創業130週年的紀念筆款。以M600款式製作，受到期盼推出棕紋筆款的人士歡迎，在嫌棄M400款式尺寸過小的使用者中也頗受好評。

撰文／藤井榮藏（EuroBox）　攝影／北鄉仁　報導年份：2015年12月
※各標價為2015年12月時EuroBox的含稅價。

090

# Pelikan

於1990年代初期，百利金進行了組織調整，製造部門的限制因此減少，得以自由製造產品。從這個時期開始，百利金陸續推出OEM規格的限量產品，以及針對北美或亞洲市場的區域限量款產品。

**M800 綠紋**
1987年 50,000日圓

1987年末的筆款，18C筆尖上帶有PF刻印（當時分為14C筆尖和18C筆尖2款）。與當前筆款不同，特徵是筆尖較為柔軟。筆蓋環上有著德國統一前的W.GERMANY刻印。

**M800 茶紋 出口西班牙**
1987年左右 200,000日圓

1987年末推出M800黑、綠紋款不久後，少量製造的筆款。據說是為了供應給西班牙市場，但仍有諸多不明之處。雖然充滿謎團且相當搶手，但卻是市面上少見的超級珍品。

**M750 150週年紀念 銀箔**
1988年 40,000日圓
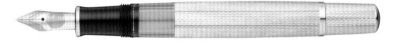

和下列M760同時推出，為百利金創業150週年紀念筆款。初期為帶有EN刻印的18C雙色筆尖，之後則變為18C金色筆尖。和M760相同，在尾栓上有序號刻印。

**M760 150週年紀念 金箔**
1988年 48,000日圓

為紀念百利金創業150週年而推出的筆款。初期為帶有EN刻印的18C雙色筆尖，之後則變為18C金色筆尖。筆尖有軟有硬。

**Tiffany ATLAS 藍**
1990年 85,000日圓

珠寶品牌Tiffany委託百利金製造的筆款。以M800為原型，在天冠、筆蓋環和筆尖上有TIFFANY&CO.的刻印。數量極為稀少，是非常受歡迎的逸品。

**M800 Green Transparent**
1992年 63,000日圓

在以M800為原型的Transparent筆款中最初期的產品。據說以供應北美市場為主，製造了約3000支。18C筆尖上帶有EN刻印，筆尖較軟。

**M800 Blue Ocean**
1993年 88,000日圓

如同Blue Ocean的名稱所示，此筆款以藍色大海為主題，生產了5000支，主要供應至北美市場。尾栓刻有以羅盤為靈感而設計的標記。

**M800 Nord/LB**
1995年 73,000日圓

德國漢諾威的Nordbank（NORD/LB）為紀念創業25週年，訂製了5500支筆送給員工。NORD/LBS也是基於上述用途製造的筆款，但此筆款少見於中古市場。

**Golden Dynasty （青龍）**
1995年 260,000日圓

自1995年開始推出的「亞洲限量系列」第一款鋼筆，在陸續推出的朱雀、白虎、玄武及麒麟共5款鋼筆中受到相當大的矚目，在歐洲也相當受到歡迎。

**Phoenix （朱雀）**
1996年 230,000日圓

亞洲限量系列的第二款鋼筆。和上列青龍筆款相同，在銀製基底上包覆24K金，是展現頂級工匠技藝的逸品。少見於中古市場，受歡迎程度僅次於青龍筆款。

# MONTBLANC

到1980年代中期為止，大師傑作系列的高級品為數並不多。但自從1987年左右，萬寶龍開始推出＃1497（約100萬日圓）和＃1447（約70萬日圓）等使用貴金屬的尊貴系列產品，自此萬寶龍的鋼筆一口氣加速精品化。

**Meisterstück 149**
**1980年代初期 58,000日圓**

1980年代初期的Meisterstück 149，採用硬質橡膠筆舌和14C中白筆尖規格，特徵為硬度恰到好處，且具有柔韌度。這個時代的萬寶龍鋼筆的筆尖全部具有彈力。

**Meisterstück 146**
**1980年代中期 48,000日圓**

1980年代中後期製造的筆款，觀墨窗為灰色。筆舌為硬質橡膠，帶有水平的溝槽。筆尖為14K金全金，帶有彈性。偶爾也有軟筆尖產品出現。

**Meisterstück 1468 純銀條紋**
**1989年 88,000日圓**

和＃1466純銀大麥紋筆款同時推出的熱門商品。雖然於2000年左右停產，但目前仍有無可動搖的人氣。銀色筆桿搭配鍍金零件的設計，造就一支美麗的鋼筆。

**Meisterstück 146 波爾多紅**
**1992年 58,000日圓**

自1980年到1990年代的大師傑作系列中少數的波爾多紅鋼筆。雖然於2000年初停產，但至今仍相當受歡迎。

**Meisterstück 75週年紀念版149**
**1999年 110,000日圓**

大師傑作系列問世75週年筆款。分為玫瑰金和黃金2款，而前者較為受歡迎。下圖為黃金款式，天冠環上鑲有鑽石。

# PARKER

這個時代，派克推出了不勝枚舉的好評限量筆款和高級筆款，尤其多福系列（DUOFOLD）堪稱最重要的存在。由法國和英國製造的尊爵系列（Premier）、PARKER 75為主的改良版中也有眾多名筆。

**DUOFOLD 橘 1990 LE**
**1990年 58,000日圓（鉛筆25,000日圓）**

以1921年製作的多福系列大紅筆為原型所生產的百年紀念尺寸。筆蓋環上有1990的刻印，限量500支。

### 和主題相符的天冠設計

中央有著類似菊花的DUOFOLD特有記號，以及PARKER DUOFOLD的文字。

下方洛克威爾的天冠，裝飾著Norman Rockwell（諾曼‧洛克威爾）的肖像（18K金製）。

**DUOFOLD Norman Rockwell**
**1996年 98,000日圓**

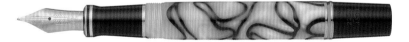

為紀念多福系列推出75週年，由Norman Rockwell家族和派克聯手推出的企劃商品。原型為1929年製造的多福系列Black and Pearl。

**DUOFOLD CP5 Modern**
**1999年 98,000日圓**

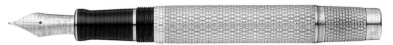

Classic Pens公司的CP系列第5款。為派克旗下DUOFOLD系列1929年筆款的復刻筆款。另一款是以1921年的古董鋼筆為原型的「Vintage」。

# AURORA

1980年代以Hastil等細桿鋼筆為主流，但邁入1990年代後，以＃88為開端，也推出了五彩繽紛的OPTIMA和Ipsilon等筆款。之後每年都會推出Goldoni、AURORA 75或但丁系列（Dante）等備受矚目的筆款。

**88 All Black #800 初期型**
**1990年 48,000日圓**

照片筆款為初期原型。通稱「天狗筆尖」，筆尖前端形狀十分細長。具有獨特柔韌度的「書寫感」非常受到歡迎。

**Dante Alighieri**
**1995年 110,000日圓**

為歌頌13世紀詩人暨哲學家但丁而推出的限量商品。天冠上但丁的肖像分為朝向右側（義大利國內市場）和朝向左側（國外市場），但前者的數量極端稀少。

AURORA限量產品Dante Alighieri的天冠。本產品為針對國外市場的筆款，肖像臉部朝左。

# WATERMAN

1980年代中期，WATERMAN推出了Le Man 100、200和Gentleman等中、大型鋼筆。此外也推出了一支要價200萬日圓的商品，讓世人瞠目結舌。90年代則增加了Patrician和Edson（艾臣）等筆款，使產品種類更加豐富。

**Le Man 100 純銀**
**1987年 55,000日圓**

帶有極細條紋的銀色筆桿，將鍍金筆夾和金屬環映襯得更加顯眼。筆尖帶有地球刻印的是1991年左右的商品。

**Le Man 100 Patrician 翠綠塗漆**
**1992年 50,000日圓**

1929年推出商品的復刻筆款。仔細塗上了19層塗漆，共有翠綠、深紅、碧藍等3款。裝飾藝術風格的金屬雕刻十分美麗。

**Lady Agatha 暗玫瑰色**
**1992年 35,000日圓**

設計時格外注重女性使用者需求的女性專用鋼筆，甚至附有時髦的專用收納盒（右下照片）。筆桿相當短小，使用時的尺寸為138mm，非常可愛，也很便於隨身攜帶。

# OMAS

OMAS這個品牌因使用傳統賽璐珞材質的鋼筆筆桿而獲得好評，但在1980年代中期開始，OMAS也開始製造石楠木（Briar）等木質筆桿鋼筆。當中又以1990左右開始推出的尖拱型Briar系列評價最高。

**Amerigo Vespucci Briar**
**1990年 78,000日圓**

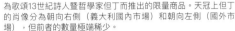

以義大利冒險家Amerigo Vespucci為靈感來源的鋼筆。略帶紅色的栗色筆桿相當美麗。施加了優雅裝飾的握位，也是OMAS的特色。同時有製造年份1992的刻印。

**Briar系列 AM.87 綠色**
**1987年 60,000日圓**

冠上創始人夫婦姓名縮寫「A.M」的鋼筆。有桔色、綠色、栗色、藍色、托斯卡尼等款式，於2000年左右停產。

**Columbus II 石楠木**
**1992年 78,000日圓**

紀念哥倫布發現新大陸500年的限量品。採12面加工，相當輕巧，顏色為接近胭脂色的深棕色，筆尖偏硬。

**Exotique Wood系列 尖拱型**
**1995年 53,000日圓**

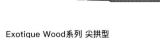

照片中的筆桿是以和石楠木相當類似的東南亞原產安波那木樹瘤（Amboyna Burl）製成木質筆桿。造型簡樸，握位和筆蓋皆不帶金屬裝飾，非常稀有。

極其稀有的產品，以4種木質筆桿鋼筆為一組，限量500組。筆尖規格和AM.87相同。從下方開始依序為安波那木樹瘤、癭瘤木、黃檀木、不明木材。各53,000日圓。

# SHEAFFER

提到1980至1990年代的西華，總之就是全力投注在Targa上，其款式可說是壓倒性地多。雖然推出過Connaisseur和Crest等筆款，但限量品卻意外地稀少，且並無特別引起世人矚目的產品。

**Targa 塗漆Amber Ronce**
**1989年 15,000日圓**

西華的Targa系列，自1976年問世至1999年停產的20餘年間，實際上推出了超過100種的筆款。這段時期的產品分為英國製和法國製，照片中產品為法國製。

**CP系列 CP4 Richmond**
**1997年 88,000日圓**

經典筆款的CP系列第4款，以美國南北戰爭重要地里奇蒙（Richmond）命名。和CP5相同，在銀製基底上以稱為扭索紋（Guilloche）的特殊技巧點綴圖樣。

# S.T. Dupont

**Montparnasse chairman 純正漆**
**1991年 85,000日圓**

以扭索紋技巧結合純正漆所完成的S.T. Dupont Montparnasse系列最高級筆款。大麥紋被琥珀色所覆蓋，是支造型精美的逸品。

# Conway Stewart

**Churchill Tiger Blue**
**1998年 78,000日圓**

據說英國首相邱吉爾曾使用過Conway Stewart的Duro系列，此筆款為其復刻筆款。尺寸較大，且筆桿上有「Churchill」的刻印，限量300支。

# PILOT

百樂旗下鋼筆的特徵為筆尖。包括75週年紀念款、Custom745、67和Ultra等，不僅各有特色，各筆款的筆尖款式也相當豐富。百樂拿手的蒔繪筆款中也推出了許多出色的鋼筆。

**創業65週年紀念**
**1983年 57,000日圓**

筆桿採用法隆寺內「玉蟲廚子」（玉蟲佛龕）的花紋，包括嶄新的吸墨器和精心調整的筆尖，呈現出廠商的堅持。不愧是被稱為完美無缺的傑作。

**創業70週年紀念**
**1988年 48,000日圓**

推出當時，有使用者反應筆尖過於柔軟，因此為了讓筆尖變硬，而將筆尖規格改變為前傾狀。被形容為「帶有彈力、柔韌的書寫感堪稱人間絕品」，相當受到歡迎。

**創業80週年紀念 四神漆黑**
**1988年 108,000日圓**

和雅系列的3支鋼筆分別推出的鋼筆，筆蓋口以象嵌技法嵌上四神花紋，有朱紅和漆黑二種款式。是能品味「黑到極致」漆黑之美的出色鋼筆。

# MARUZEN

**Stream Line Onoto Model**
**1994年 35,000日圓**

紀念丸善創業125週年的筆款是由百樂所製造。筆尖刻有漱石愛用的稿紙「漱石山房」上的龍頭花紋，以筆尖特殊的柔韌度而受到歡迎。

# PLATINUM

白金牌旗下產品多為活用塗漆、賽璐珞和木材等材質特性所製造的鋼筆。尤其是1978年大肆宣傳的＃3776，於1980至90年代有了更長足的進化。創業70週年的紀念鋼筆，完美融合了設計規劃、材料和工匠技藝，值得大書特書。

＃3776 Briar舊型
1988年左右 53,000日圓

握位為石楠木材質的產品，被認為是最初期的產品，但包含生產數量在內等資料皆不詳。推測或許是預料到墨漬容易沾附於握位，因而中止生產的原型。

70週年紀念 鏤空蔓草圖樣 白金
1989年 370,000日圓

包含筆夾在內，整體皆以白金（純度Pt.950）製成，可說是前所未有的奢華鋼筆，確實堪稱為白金牌旗下白金等級的逸品。據說僅限量20支。

70週年紀念 鏤空蔓草圖樣 18K金（18K-750）
1989年 240,000日圓

包含筆夾在內，整體皆以18K金（純度750）製成。型錄上寫道：「筆桿部份完美重現傑出的工匠技藝」。如流雲般的古典蔓草花紋相當精美，限量300支。

70週年紀念 鏤空蔓草圖樣 銀（950）
1989年 140,000日圓

除了包覆筆桿的金屬材料之外，白金製、18K金製和銀製筆款都採用了相同的規格和材料：14K金筆尖、硬質橡膠筆舌和筆桿。限量500支。

70週年紀念 Letterwood（Snakewood，蛇紋木）
1989年 160,000日圓

面對難以加工、良率過低和材料昂貴等難關，賭上白金鋼筆公司命運所生產出來的逸品。筆尖特別大。限量100支，是令蒐藏家垂涎的珍品。

70週年紀念 硬質橡膠 波紋
1989年 55,000日圓

為Balance鋼筆，筆蓋和筆桿上的波紋圖樣流露古典風情。筆尖材質為14K金，擁有適度的彈力。限量500支；雖然也有素面筆款，但數量僅有100支。

70週年紀念 賽璐珞 翡翠綠
1989年 55,000日圓

大理石花紋的翡翠綠筆款是從1920年代便存在的賽璐珞鋼筆經典款式之一。70週年紀念筆款全數採用活塞上墨式機構。限量約300支。

70週年紀念 賽璐珞 石垣
1989年 58,000日圓

完成後的造型充滿個性又富有趣味的賽璐珞筆桿，當時也製造了2種筆款。石頭花紋也是經典的圖樣之一，呈現出古典而雅趣的造型。限量300支。

# SAILOR

寫樂獨樹一格的趣味性，在於使用了多元化的素材，例如石楠木、竹子、象牙、碳纖維、木質筆桿和硬質橡膠等。寫樂鋼筆推出的產品有著良好評價，尤其擁有許多出色的石楠木和木質鋼筆。

PROFIT 80 石楠木
1991年 148,000日圓

為紀念創業80週年所推出的產品，分別有淺棕色和深棕色2種筆款。使用時間越長，和手部就越契合，同時能欣賞石楠木獨有的色澤變化，至今仍深受歡迎。

## 歷經淬鍊的限定筆款 百花爭艷的時代

# 2000年～2009年的名品

這次來為大家介紹2000年後推出，連續10年引發熱議的鋼筆。主題的「古董筆」一般是指超過30年以上，經過歲月淬鍊而散發韻味的物品，這次則是特例，以5～15年前左右發售的筆款為主。

經歷1990年代限定品如怒濤般不斷席捲而來的興盛時代，2000年代限定品依然趨勢未減，氣勢反而更加興盛。從紀念新世紀的千禧年商品，到週年紀念筆款、復刻品等，充滿話題性的鋼筆接連問世。這段時期也是各公司不想屈居人後而大力發展的時期吧。以製造廠商的立場來看，限定商品正是能吸引消費者目光的絕佳商品。

綜而觀之，百利金產品的變化之豐富，最引人注目。本次精選的筆款雖多為已停產商品，不過百利金不只限定筆款，還有很多秀逸的鋼筆。只要仔細尋找，還是很有可能找到等同新品的單品。

撰文／藤井榮藏　攝影／北鄉仁　報導年份：2016年3月
※標示價格均為2016年3月EuroBox所販售的含稅價

# Pelikan

**1931 白金 2000年 130,000日圓**

此筆款屬於「Originals of their time」系列，原型為1930年代的#110。白金筆桿、硬質橡膠的握位及筆尾等，幾乎忠實地復刻了原型。

**M600海藍 2001年 28,000日圓**

同樣的筆款還有海洋藍的顏色，海藍稍微偏紫，算是深藍色；海洋藍則是藍色帶微微透明感。M605也有海藍。

**神話系列 麒麟 2002年 158,000日圓**

重視日本及中國這塊重要市場，因此誕生了神話系列。這一系列的開發甚至請來亞洲文化專家參與，相當用心。其他還有青龍、朱雀、白虎、玄武等款式。

**M910 Toledo 黃 2008年 160,000日圓**

於925純銀筆桿上，以西班牙托雷多所發展的傳統工藝技術「Toledo」精心雕琢而成的鋼筆。筆桿上雕刻的圖樣是鵜鶘。

**嫦娥奔月 2003年 150,000日圓**

以中國古老神話為主題，主打亞洲市場的限定品之一。筆桿以蝕刻技法描繪出嫦娥昇天的情景。限定568支（日本國內100支）。

**城市系列 M620 雅典 2004年 78,000日圓**

2001年推出的城市系列第7支作品。以淺藍色為基調，光線下會映照出綠色與灰色的光芒，是支美麗的鋼筆。這支鋼筆在城市系列中的人氣名列第一，評價也相當好。

**城市系列 M620 上海 2004年 78,000日圓**

城市系列第8支作品。整體的花紋與雅典相似，只是顏色不同，這支以紅色為基調，淺黃色與橘色交織其中，是為喜愛紅色的中國人所選擇的配色。

**M910 Toledo 紅 2008年 160,000日圓**

豔麗的紅色筆蓋，搭配以925純銀精雕的筆桿，有別於金色的韻味，非常時尚。手雕的精湛工藝令人驚嘆，是支優秀逸品。

**沉金 春秋二季 櫻舞 2008年 170,000日圓**

沉金是日本自古流傳下來的加工技法，以銳利而精細的鑿子雕琢櫻花花瓣，再塗上金粉或金箔。櫻花飛舞的模樣非常有日本味，是支美麗的鋼筆。

**沉金 春秋二季 紅葉 2008年 170,000日圓**

與「櫻舞」一樣，這支也是以加賀沉金技法製作的鋼筆。背景為沉穩的大紅色，是支能讓人充分感受到秋季氛圍的逸品。製作者均為關光廣。限定250支。

**M800 Demonstrator 2008年 53,000日圓**

M800 Demonstrator全透明示範鋼筆第一號。筆桿上的「piston」或「spindle」等零件名稱，有英文標示、西班牙文標示及不標示這3種。

# MONTBLANC

149　UNICEF（聯合國兒童基金會系列）Helmut Jahn 2005年 68,000日圓

為了援助世界上的文盲，萬寶龍邀集世界知名人士協助合作，並將鋼筆的銷售所得提撥部分款項
捐給聯合國兒童機會。鋼筆本身和149的一般品幾乎同款。

附上由建築師海默特・
楊所設計的透明壓克力
樹脂製筆盒。

Donation Pen 阿圖羅・托斯卡尼尼
2007年 65,000日圓

這支筆屬於讚揚古典音樂界偉人的音樂家贊助系列，銷售所得的一部分會捐助給有才華的年輕音
樂家。筆蓋環上刻有托斯卡尼尼出生的年號。

---

## 由2人的熱情所誕生的「CP」（Classic Pens）

Classic Pens是由深愛著鋼筆的Andreas Lambrou及Keith G. Brown於1987年所成
立的公司。秉持「創造獨一無二鋼筆」的理念，以1990年的CP1為起頭，接連創
作出各式各樣的鋼筆。其中運用工藝技法「扭索紋」所打造的CP系列最為知名。

Lambrou（左）及
Brown（右）。節
錄自Classic Pens型
錄。

### CP6 Pelikan 夏綠蒂 （M800）
2002年 198,000日圓

CP6是以詩人暨文豪歌德為主題。筆款名稱來自於歌德將其本名寫入《少年維特的煩惱》中的
失戀對象「夏綠蒂」。鋼筆上的紋樣稱為瀑布紋。

Pelikan夏綠蒂的筆盒。不會太大，
尺寸剛剛好。印有表示百利金製造的
「produced by Pelikan」文字。

### CP6 Pelikan 瑪格麗特 （M800）
2002年 230,000日圓

命名自戲劇《浮士德》中的角色「瑪格麗特」，是Classic Pens和百利金合作推出的鋼筆。複雜
而精巧的馬賽克紋樣加工出自扭索紋專家Murelli之手。

### CP7 Sailor 80 Atlantic 2003年 108,000日圓

密度很高，看起來凹凸不平的紋樣，表現出大西洋的洶湧波濤。此款
筆以80週年紀念鋼筆為原型，與下方的Pacific一同被稱為海洋鋼筆。

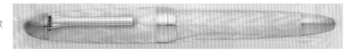

### CP7 Sailor 80 Pacific 2003年 108,000日圓

Pacific的特色是筆桿上宛如浪濤般的水波紋樣「摩爾紋」
（moiré）。描摹太平洋在太陽光下閃閃發亮的壯闊波瀾。2種筆款均
限定250支。

### LB1 Nagahara
2003年 65,000日圓

以2位社長名字的首字母命名的「LB Collection」第一號。是曾活躍於寫樂鋼筆，現已故的長原
宣義先生的冠名鋼筆。有長刀Cross Emperor及長刀2種。日本未發售。

### LM-1 火焰紅
2007年 60,000日圓

取社長Lambrou及副社長 Malikian的首字母，命名為「LM系列」，此筆款為第一號，共製造了
500支。使用與派克的DUOFOLD DNA同樣的材質，評價非常好。

# AURORA

**Venezia**
**2005年 78,000日圓**

以世界最美城市之一的義大利威尼斯為主題的特別限定品。除了拜占庭藝術、文藝復興花紋的裝飾，還刻有威尼斯的城徽獅子。

**Sole Aurea Minima 2006年 38,000日圓**

為紀念1996年發售的Sole系列10週年所推出特別限定品。114mm的迷你尺寸，筆夾上鐫刻著象徵太陽（Sole）的花紋。限定750支。

附有如名稱Minima（最小值）所示，小巧可愛，宛如珠寶盒般的禮盒。

# PARKER

**PARKER DUOFOLD 七寶燒**
**2006年 70,000日圓**

這支筆款的名稱據說源自於派克的創立者G. S. PARKER於1926年訪日時所見到的七寶燒壺。天冠裝飾著黃色七寶燒。限定3900支。

**PARKER 51 Special Edition Vista藍**
**2002年 25,000日圓**

派克名品中的名品「51」的復刻品。925純銀的筆蓋以帝國大廈為原型，因此也稱為「帝國大廈特別版」。另有黑色。

# WATERMAN

**創立120週年紀念 Edson 銀**
**2003年 88,000日圓**

整體為925純銀製，筆桿的設計是長方形格子溝紋雕刻。筆夾翻轉180度的內側刻有限定序號。限定4000支。

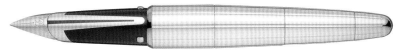

## 原子筆和素描筆也有不少名品

**MONTBLANC H.V. Karajan 原子筆 2003年 35,000日圓**

音樂家贊助系列之一，銷售所得會捐贈一部分作為藝術及文化的支援金。筆桿的中央部分有鋼琴裝飾，筆夾則有指揮棒裝飾。

**CARAN D'ACHE Ammonite 原子筆 2003年 28,000日圓**

Ecridor collection（艾可朵）系列之一，筆桿充滿螺旋貝殼的菊石圖樣。圖樣優美而神祕，因此人氣很高。

**CARAN D'ACHE Carbon3000 原子筆 2004年 25,000日圓**

以碳纖維編織製作而成，據說一支筆約使用3000條以上的碳纖維。筆桿的角度不同，反射出的光芒也會隨之變化，十分美麗。

**AURORA Mare 素描筆 2002年 29,000日圓**

限定品Mare系列的5.6mm芯素描筆。筆桿是將藍色的樹脂塊一支支削製而成。鮮豔的藍色，就如意思為海洋的「mare」一般。附加的筆插也很有魅力。

# SAILOR

創業90週年紀念 鋼筆道樂 2001年 150,000日圓

出自筆尖名人——已故的長原宣義先生，以及專精所有素材的拉桿職人福田和弘之手，極致講究的鋼筆。石楠木材質有亮褐色及暗褐色2種。

安東尼·高第誕生150週年紀念
Pluma Parabolica 2002年 60,000日圓

採用以聖家堂等建築為代表的高第所規劃的建築設計（拋物線），形成獨特的外型。附有長刀筆尖。限定500支。

King Profit 硬質橡膠 黑
2003年 53,000日圓

寫樂的King Profit鋼筆的筆尖特色是筆觸非常柔軟。這款筆沿襲Profit的外型，可說是集大成的大型鋼筆。

King Profit 硬質橡膠 紅
2004年左右 180,000日圓

紅色硬質橡膠製的King Profit鋼筆主要銷往國外，因此產量極少，國內幾乎見不到，非常稀有。而且筆尖還是極稀少的長刀Cross Point。

創業95週年紀念 Realo 2006年 78,000日圓

以King Profit為原型，是寫樂首次採用旋轉式入墨機構的鋼筆。具備能知道墨水剩餘量的觀墨窗，附長刀筆尖，是支極致經典的鋼筆。

King Profit 大理石硬質橡膠
2007年左右 78,000日圓

使用德國進口的高級硬質橡膠，一支支削製而成。帶紅色的部分多，整體木紋非常漂亮，是令人驚豔的逸品。持握時的質感也非常棒。

屋久杉 泡瘤 2009年左右 170,000日圓

使用極難入手的屋久杉泡瘤為材質製作的高貴鋼筆。特色是宛如肥皂泡般極具深蘊的木紋。筆尖為有「現代名工」美譽，已故的長原宣義先生所創造的長刀筆尖。

Professional Gear 大理石硬質橡膠 銀
2008年左右 50,000日圓

使用德國進口的高級硬質橡膠，一支支削製而成。比一般的Professional Gear筆款大一圈（137mm），質感佳，整體韻味非常優異。

煤竹 Cross Emperor 2002年左右 85,000日圓

嚴選「煤竹」這種多用於舊式民宅天花板樑柱的素材，所製成的特殊鋼筆。竹製鋼筆是已故長原宣義先生傑作中的傑作，在國外也相當受歡迎。

# PLATINUM

西元2000年紀念鋼筆 螺旋波紋雕刻
2000年 68,000日圓

在硬質橡膠製的十角形筆桿表面鏤刻波浪花紋後，再以一種名為生漆的透明漆加工製作而成。筆蓋環以20面鑽石切割技法加工。

# PILOT

**Namiki A.D.2000螺鈿 2000年 178,000日圓**

耶穌誕生2000年紀念筆款。天冠表現梵蒂岡聖伯多祿大殿的圓頂（蛋型天花板）。整體以螺鈿加工包覆，優美雅緻。

**Namiki A.D.2000星座 2000年 168,000日圓**

與螺鈿同為紀念筆款。以精巧的雕金技術，鑴刻在夜空中閃耀的黃道十二星座。筆夾上則裝飾著支撐5隻鴿子的十字架，代表集結於五大洲的人類。

**創立85週年紀念 飛天 2003年 170,000日圓**

以國寶藥師寺東塔的水煙為意象，3位天女（飛天）則是使用青貝、散金的研出蒔繪技法描繪。這支鋼筆人氣非常高，評價也很好。

**μ 90復刻品 2008年 15,000日圓**

復刻1971年發售的μ 701的限定販售品。因創業90週年，故命名為「μ 90」。筆尖和握位一體成形，與原型μ 701極為相似。

**Capless 紫 海外限定筆款
2008年 28,000日圓**

由主打海外市場的Namiki所發售的逆進口品。日本發售的是在海外相當有人氣的Vanishing Point鋼筆，不同顏色的限定版。附有可愛的紫色筆盒。相當稀有。

# 其他各種品牌

**鋼筆博士 F CW–DX / LB
Short Straight
2002年 63,000日圓**

將名為微凹黃檀的墨西哥產木材用轆轤機一支支削製而成。使用愈久，色彩會變得愈濃愈有光澤，非常受歡迎。

**柘製作所 富士 石楠木
2005年 68,000日圓**

融合拉桿製造商柘製作所的切削、加工技術，以及寫樂鋼筆的製造技巧打造出這支鋼筆。「富士系列」還有大理石硬質橡膠及黑檀木製等。

**大橋堂 漆（紅）
2000年左右 40,000日圓**

以生產硬質橡膠及塗漆鋼筆而聞名的仙台大橋堂，是家老牌手工鋼筆製造商。現在有愈來愈多外國的鋼筆愛好者特別來尋找這種漆藝加工的停產鋼筆。

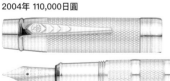

**Onoto The Pen Centenary
銀
2004年 110,000日圓**

這款筆是Thomas De La Rue於1905年創立的品牌「負壓上墨式ONOTO」的100週年紀念鋼筆。基本設計是以1937年製造的「Magna」為原型。限定500支。

**Onoto Magna Classic
鍍金
2004年 188,000日圓**

因應全世界的Onoto粉絲要求而製作的現代版Magna鋼筆。筆桿紋樣是一種名為hera weave的扭索紋，重量重達80g。製造序號居然為007/100。

**丸善 創業140週年紀念 檸檬
2009年 25,000日圓**

以梶井基次郎的短篇小說《檸檬》命名的130週年紀念鋼筆「檸檬」相當受到好評，因應消費者要求再次銷售。這次推出的尺寸較大，是進化的140週年限定版。

**伊東屋 Romeo No.3
黑 / 金
2009年 22,000日圓**

以1914年發售的伊東屋原創鋼筆「ROMEO No.1」為原型的復刻品。為繼2004年的No.2後推出的第3款ROMEO，每支都承襲了1914年的第一代設計。

MONTBLANC Bohème 紅 鍍金之魅惑套組。

# 20年以內的中古鋼筆

## 20年內發售的「最近筆款」現在正是想入手的時刻！

煩惱著「那支錯過的鋼筆，不知道哪裡還找得到呢」？而面對著電腦苦苦搜尋的人，應該不少吧？有些鋼筆一直以為「應該還有賣吧」，不知不覺間卻停止生產，市場庫存也銷售一空，導致錯失購買的機會。

這次，我們為有這些經驗的讀者帶來一個好消息。一般來說，「古董」是指發售20～30年以上，未滿100年的物品，不過這次就從近20年內（1999年以後）發售的限定筆款及停產筆款中，收集魅惑迷人的中古鋼筆。

## DELTA

**Dolcevita Medium 原創　1999年　38,000日圓**

Dolcevita在義大利文中是甜美生活的意思。鮮豔的橘色筆桿是以手工削切而成。Dolcevita為DELTA的招牌系列，人氣相當旺，但DELTA卻在2018年停止營業。

**少數民族系列 馬賽 1KS　2003年　45,000日圓**

此筆款為以世界少數民族為主題的「少數民族系列」第1號。設計原型來自於非洲的馬賽族，鮮豔的紅色筆蓋象徵具有神聖色彩的紅色斗篷。

**Dolcevita Medium 純銀鍍金原子筆　2006年左右　22,000日圓**

筆蓋環為純銀施加鍍金的純銀鍍金材質。環上刻有標示925純銀的刻印。

**少數民族系列 薩米 1K　2008年　53,000日圓**

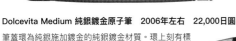

以居住於斯堪地那維亞最北端的薩米族為設計原型的鋼筆。筆蓋與筆桿均以三次元紋樣表現薩米族的典型民族服裝。也有純銀鍍金材質的1KS鋼筆。

**WINDOWS Demonstrator 棕・strokes 秋　2010年　39,000日圓**

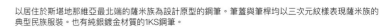

以DELTA的起源地——南義大利的秋天為意象所創作的示範鋼筆。棕色的壓克力筆桿，令人想起落葉小徑或秋日夕陽。按尾上墨式。有春、夏、秋、冬4種筆款。

**Dolcevita Slim 純銀鍍金　2011年　43,000日圓**

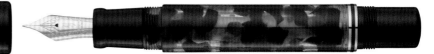

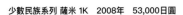

撰文／藤井榮藏　攝影／北鄉仁　報導年份：2018年12月
採訪協助／EuroBox　※各價格為2018年11月EuroBox的含稅價。

102

Dolcevita Medium Original DELTA 30週年紀念筆款 2012年
43,000日圓

Dolcevita鋼筆中少數筆蓋及筆桿均使用硬質橡膠的筆款。鮮豔的橘色展現別具一格的風味,形成沉著穩重的風格。

Dolcevita Medium Original DELTA 30週年紀念筆款 原子筆2012年
22,000日圓

筆蓋及筆桿與鋼筆一樣,均使用硬質橡膠。原子筆為日本限定筆款,只有少量生產150支。

羅密歐與茱麗葉FOREVER 原子筆 2013年 25,000日圓

以愛情故事《羅密歐與茱麗葉》為主題的原子筆。天冠以愛心裝飾,可雕刻名字。

古董系列 日本限定 Anima 2013年
19,000日圓

古董系列因豐富的色彩及實惠的價格而極具人氣。其中針對日本市場發售的限定色也紅極一時。此筆款的創作靈感來自於東北地區的寂靜大地。

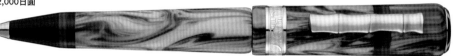

少數民族系列 巴布亞1K 原子筆 2015年 22,000日圓

筆桿的顏色象徵巴布亞紐幾內亞的阿薩羅族,會將泥巴塗在身上的生活習慣,洋溢獨特的存在感。

Le Stagioni 系列Primavera 2016年
22,000日圓

表現日本四季的「Le Stagioni 系列」第2彈。深綠及淺綠交織的配色,充分展現春天的清新氣息。此為日本限定筆款,生產數量125支的超稀有品。

# AURORA

創業80週年紀念 銀 1999年
128,000日圓

縱橫交錯的複雜大麥紋,據說是以火焰為意象。設計縝密、精心雕琢,鋼筆的每個細節都顯露工匠熟稔的技藝,是一款十分秀逸的鋼筆。附有備用墨水槽。

Pope
2004年 98,000日圓

為讚頌羅馬教皇而生產的鋼筆。淺米色的筆桿,象徵梵蒂岡聖彼得廣場的柱子。筆蓋上刻印著若望‧保祿二世的名字。限量1919支。

Optima Demonstrator
2008年 48,000日圓

以1936年製造的古董原創筆款Optima為原型的示範鋼筆。天冠和尾栓也有紅色的款式。附AURORA特有的備用墨水槽。限量1936支。

大陸系列 美國
2011年 53,000日圓

以大地為主題的大陸系列第4款作品。筆夾有象徵南北美洲的刻印,筆蓋口刻有納斯卡地畫及印第安人等象徵美洲大陸的圖樣。

Mar Adriatico
2015年 120,000日圓

義大利海洋系列的第4彈。純銀零件上刻有位於亞得里亞海要塞,有水都之稱的威尼斯的傳統貢多拉船等圖樣。帶透明感的冰藍色非常美麗,是極具人氣的筆款。

# OMAS

**Doctor's Pen　Anniversary Edition**
**2008年　258,000日圓**

以1927年開始採用的拉桿上墨式Doctor's Pen為原型所設計的筆款。筆桿上雕琢著新裝置藝術風的透明雕刻，非常美麗。原創部分為筆桿下方藏有體溫計。

**T-2 Diamond　2012年　220,000日圓**

整體為鈦金屬製，筆蓋環周圍點綴著12顆鑽石的豪華版。筆尖及筆夾為鍍銠加工。生產數量只有300支（日本10支），極為稀少。

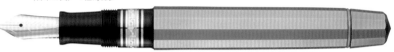

**Ogiva Vision　皇家藍**
**2012年左右　38,000日圓**

第一批Ogiva筆款生產於1927年，搏得許多好評。此示範筆款承襲自該原創設計，材質為棉製樹脂。筆夾上鑲有青金石。

**ARTE ITALIANA 藝術系列 Milord 海軍藍**
**2014年　49,000日圓**

「ARTE ITALIANA系列」以創業者Armando Simoni於1930年所設計的12面體原創筆款為原型。蘊含對書寫「藝術」的敬意，是相當有OMAS風格的系列。

**ASC 丑角阿列其諾 2-2017**
**2017年　83,000日圓**

承襲OMAS的ASC（Armando Simoni Club）限定筆款。與Armando Simoni送給妻子而聞名的丑角阿列其諾鋼筆使用相同的材質。限定100支。

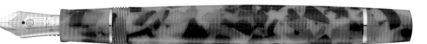

**ASC Bologna　Extra Arco Brown**
**2017年　120,000日圓**

大量使用OMAS的資產Arco Brown 古董賽璐珞，全長161mm的大型鋼筆，為名副其實的「黃金鋼筆」。曾於華盛頓筆展發表。限量100支。

# VISCONTI

**Opera 蜂蜜杏仁　2005年左右　35,000日圓**

Opera自2004年開始銷售以來，一直是人氣型號的基本款。蜂蜜杏仁的色澤令人想起清透的蜂蜜。筆桿使用賽璐珞與壓克力合成的壓克璐珞材質。

**Homo Sapiens　Marine Steel　2011年　45,000日圓**

讚揚人類因「書寫」行為而留下文化遺產及發展的鋼筆。使用玄武岩質火山溶岩，筆尖是名為「Dreamtouch」的超軟筆尖。強力上墨式。

# Conway Stewart

**邱吉爾 橙　2001年左右　48,000日圓**

向溫斯頓‧邱吉爾表達敬意的邱吉爾系列筆款之一。原型來自於1920年製造的古董筆款「 DURO」。全長145mm的大型筆，限量500支。

**邱吉爾 胡桃木　2013年　48,000日圓**

據說邱吉爾平時便使用Conway Stewart的鋼筆，雪茄也寸步不離身。如同時而被稱之為怪人的邱吉爾，此系列筆款也綻放著別樹一格的異彩。

# MONTBLANC 萬寶龍

### Bohème 紅 鍍金 原子筆　2000年左右　45,000日圓
寶曦系列的筆款，因美麗可愛的外觀而有「首飾鋼筆」的美譽。小巧易握，很適合隨身攜帶。

### Bohème 藍 銀藍 原子筆　2000年左右　45,000日圓
銀製寶曦散發著不同於鍍金的獨特風貌。此筆款的藍寶石為矚目焦點。使用 Giant Refill 筆芯。

### Bohème 紅 鍍金 鋼筆（附筆盒）2000年左右　88,000日圓
為「Bourgeois Bohemian」（BOBO族）所設計的旋轉式鋼筆。攜帶方便，可收納成小巧體積。筆夾前端閃耀著紅寶石，是相當時尚的筆款。

### Meisterstück Solitaire 不鏽鋼 II
2004年　111,000日圓
鍍層加工的不銹鋼筆桿，與雷射雕刻成格子紋樣的筆蓋，契合度滿分。是一款充分發揮素材風味的洗鍊逸品。3連筆環為不鏽鋼製。

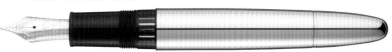

### Meisterstück Solitaire 金&黑1846（146型）
2005年　102,900日圓
筆蓋及筆桿為不鏽鋼鍍金，再加上雷射雕刻，並以黑色亮面加工而成，是一款魅惑名品。匠師技藝及洗鍊的品味綻放耀眼光芒。

### Meisterstück 瓷器白
2011年　173,000日圓
此筆鋼筆的筆蓋及筆桿為麥森瓷器使用的白石灰岩。筆蓋上烙印著麥森鈷藍色的雙劍標誌。擁有不同於樹脂的瓷器獨特風貌。

### Tribute to the Mont Blanc Meisterstuck Classique
2011年　85,000日圓
以純白亮面加工的筆蓋及筆桿，創作意象來自於覆蓋著白雪的白朗峰。握位上刻印著阿爾卑斯山全景及標高，天冠則閃耀著雪白石英製的星星。

### Meisterstück Solitaire 銀 玻璃纖維扭索紋 23744（144型）
2005年　58,000日圓
以925純銀為底，將玻璃纖維加工成扭索紋，作工十分精巧。筆蓋上刻印著925字樣。

### Meisterstück Signature for Good UNICEF P164 原子筆
2013年　30,000日圓
UNICEF系列會將銷售額的一部份捐給聯合國兒童基金會。磚砌型的天冠鑲有一顆藍寶石（0.01克拉）。

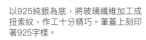

# PARKER 派克

### DUOFOLD 倫敦 2007 大黃蜂
2007年　160,000日圓
2007年於倫敦筆展發售的限定筆款。重現1930年代的夢幻黃條紋真空系列（Vacumatic）的「Bumblebee」，亦稱為「大黃蜂」。限量100支。

# GRAF VON FABER–CASTELL 輝柏伯爵典藏系列

### The Pen of the Year 2011 翡翠　2011年
220,000日圓
每年發表的「The Pen of the Year」均使用稀有的材質，透過工匠的精湛技藝施加精巧且華麗的加工。此筆款為大量使用寶石「翡翠」的超豪華品。

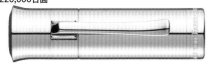

# Pelikan | 百利金

**中國神話系列 麒麟　2002年　188,000日圓**

創作原型來自於中國神話中傳說神獸的神話系列筆款。由匠師以裝飾雕金技法，精心雕琢自古以來象徵幸運與繁榮的麒麟。

**Souverän M800 酒紅　2002年　39,000日圓**

自2002年開始銷售，至2012年停產為止，除了筆尖的白金裝飾改為鈍裝飾外，持續生產了一段時間，均未變更其他造型。此筆款的粉絲眾多，是款令人期盼復刻的鋼筆。

**Souverän M320 橙　2004年　39,000日圓**

此筆款為M320的特別生產品，也是最初的型號，之後陸續發表綠、寶石紅、珍珠白等顏色，採用相對較軟的筆尖，至今依然有眾多愛好者搜尋中。

**M910 紅 Toledo　2007年　108,000日圓**

承襲M710和M910設計的限時限量筆款。金屬部分除了筆尖外，統一為銀製，樹脂部分閃耀著豔麗的紅色。是一款相當華美的鋼筆。

**Souverän M800 Demonstrator（英語）
2008年　58,000日圓**

Demonstrator是指可說明構造機能的示範筆款。M800示範鋼筆整體為透明，各零件均刻有英文名稱。有英文、西班牙文、無刻印3種。

**Souverän M1005 Demonstrator
2011年　55,000日圓**

包括筆尖及活塞導桿，所有金屬部分都以白金色統一。彷彿可窺見工匠毫不妥協的堅持，是一款洋溢著高級感及高雅氣質的鋼筆。

**Souverän M800 Italic Writing
2010年　48,000日圓**

Italic指的是可寫出直粗橫細文字的筆尖。這支鋼筆內建Italic Broad（IB）筆尖。此筆款相當受歡迎，100支產量很快便售完，又再追加生產。

**M910 黑 Toledo　2012年　138,000日圓**

將舊型號的筆尖（雙色）及天冠（樹脂製）更換新裝，所有的金屬部分均統一為銀色。此款在多項Toledo產品中亦為帥氣而醒目的存在。

**M101N 蜥蜴紋　2013年　38,000日圓**

百利金創業175週年紀念的特別生產品。以1937年製造的「101N蜥蜴紋」為原型的復刻版。比起原版，整體的色調變得較深。日本國內限量800支。

**Souverän M600 翡翠綠 2014年　39,000日圓**

說到綠色筆桿，另外有支整體色調偏深的M600 green o' green，而翡翠綠則帶有珍珠紋樣，色調相當明亮。是非常閃耀鮮豔的綠色。

**Souverän M805 Demonstrator 2015年　58,000日圓**

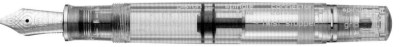

此筆款是將2008年發售的M800 Demonstrator的筆桿金色金屬零件改為銀色金屬零件。筆尖及天冠的標誌也以白金色統一。

**Souverän M805 亮麗藍 2016年 49,000日圓**

帶珍珠紋樣的豔麗藍色，充分勾勒出原本意含的「鮮豔、耀眼」氛圍。半透明的筆桿更增添神祕感，是支魅惑迷人的鋼筆。日本國內限定量1200支。

**Souverän M800 布魯塞爾大廣場 2016年 46,000日圓**

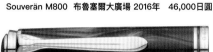

創作意象來自於位在比利時布魯塞爾，以世界第一美麗廣場而聞名的「布魯塞爾大廣場」。將2007年發售的「世界史蹟系列」第4作M600的尺寸改為M800，再次登場。

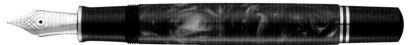

# Namiki

**蝶與菊 研出高蒔繪 50號 2007年 1,296,000日圓**

蒔繪是以金銀粉及螺鈿等，描繪圖樣的日本古早傳統工藝。此筆款以須具備高等技術的研出高蒔繪，精美地描繪出蝴蝶與菊花。限量99支。

# PILOT ｜ 百樂

**Myu90（Limited Edition） 2008年 17,000日圓**

1973年發售的Myu701複刻版。整體設計幾乎相同，不過此款在天冠上鑲有藍色的人造尖晶石。據說是以鉛筆火箭為設計意象。

**Capless 冰綠 2010年 22,000日圓**

無蓋鋼筆在國外以「Vanishing Point」（筆尖消失）的名稱聞名，相當受歡迎。此為2010年的限定色，淺綠色散發著清新氣息。因為是2010年，故世界限量2010支。

附同色系皮革製筆盒。

**ELABO 丸善 日本橋原創 2013年 19,000日圓**

徹底研究如何表現日文漢字中的「頓」及「捺」，並寫得更加美麗，而開發出ELABO這款鋼筆。筆桿與丸善的鋼筆用手提袋一樣，均為皇家藍。

# SAILOR ｜ 寫樂

**Profit 21 馬賽克 綠 舊型 1998年左右 53,000日圓**

Profit是自1981年開始銷售以來，至今近40年持續生產的寫樂招牌商品。花色為黑與藍混合的獨特綠色馬賽克紋。此款為附握位環的舊型筆款。

**Professional Gear 馬賽克 紅 2008年左右 49,000日圓**

Professional Gear製品中特別美麗、大放異彩的馬賽克紋樣鋼筆。但由於生產良率不高，原本數量就很少，因此未在中古市場上出現。

**Professional Gear 米卡塔 綠 2010年 50,000日圓**

米卡塔是棉織與苯酚類樹脂的複合材料，具有非常優異的耐熱度及耐久度。由川口明弘主導開發。使用後會漸漸合手，顏色也會產生微妙變化，十分有趣。

**長原宣義 煤竹 2011年 78,000日圓**

寫樂鋼筆的傳奇人物——已故長原宣義氏所開發主導的鋼筆，可說是傳說中的「煤竹鋼筆」。筆尖為長刀研，筆桿上附有刻著長原宣義姓名的純金名牌。

# 超經典！
# #3776 Century受歡迎的祕密

憑著高品質、容易書寫和高CP值等優勢，白金牌旗下的 #3776 Century成了大受使用者歡迎的筆款。就讓我們一窺其魅力所在。

### #3776 Century

#3776是在約40年前的1978年所推出，堪稱白金牌代表性的系列。以已故作家兼鋼筆收藏家的梅田晴夫（1920—1980）為中心組成研究團隊，一同以製作「理想鋼筆」為目標，研發出了這個筆款。由於是以日本最巔峰的品質為目標，因此以富士山標高作為筆款名稱。#3776 Century是在2011年誕生的嶄新系列，沿襲了#3776基本規格，也在設計製造和造型等方面有了全面性的改良。

以近乎愚直的態度，實踐溫故知新精神而誕生的暢銷筆款。約莫40年前，白金鋼筆徹底研究了鋼筆作為文具的性能後，研發了#3776，之後又加以改良，於2011推出相關系列。當時針對筆桿和筆尖等設計重新全面檢視，並加上了即使套上筆蓋，墨水也不容易乾燥的滑動密封裝置，賦予#3776將基本性能提升到極限、值得自豪的極佳完成度。

撰文／清水茂樹（編輯部）　攝影／北鄉仁　報導年份：2017年6月　108

# #3776的輪廓線條及平衡度

作為鋼筆來說相當普遍的輪廓線條和平衡度，是#3776 Century的特徵，然而又帶有濃厚的獨特氣質，讓人一眼就能認出這個筆款。或許這就是在約莫40年前完成後，再經過改良所呈現的優雅機能美吧。

直線型的輪廓線條中又帶有絕妙的膨潤感，筆桿直徑和眾多知名筆款相同，約為13mm。

● 勃艮第紅　10,800日圓（含稅）

## 沿襲#3776的基本設計

#3776是為了追求最佳品質，經歷無數研究後研發而成的產品，而#3776 Century的基本設計便沿襲自#3776。包括鋼筆全長、筆尖長度和筆桿直徑等，兩者幾乎完全相同。而#3776將鋼筆全長視為100%，重心位置則設置在由筆尖算起56%的位置，這點#3776 Century也幾乎完全沿襲了下來。

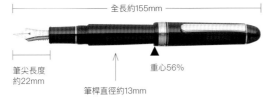

全長約155mm

筆尖長度約22mm　　重心56%

筆桿直徑約13mm

## 講究細節的高級感

細看尾栓環部分，會發現呈現中央平緩隆起的形狀。

筆蓋環的間隔以約0.5mm的纖細零件組成。

# #3776 Century 的款式也相當豐富

由於基本性能非常完善，因此款式的多樣化更加深了魅力。當中也有筆款使用了鋼筆的經典材質——硬質橡膠或賽璐珞。配合愛用墨水或使用場合，好好享受挑選筆款的樂趣吧。

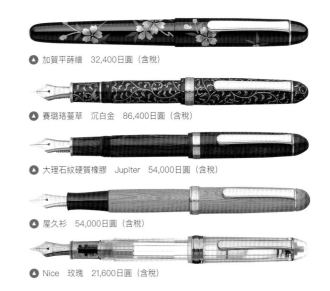

▲ 加賀平蒔繪　32,400日圓（含稅）

▲ 賽璐珞蔓草　沉白金　86,400日圓（含稅）

▲ 大理石紋硬質橡膠　Jupiter　54,000日圓（含稅）

▲ 屋久杉　54,000日圓（含稅）

▲ Nice　玫瑰　21,600日圓（含稅）

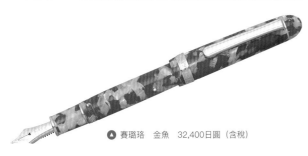

▲ 賽璐珞　金魚　32,400日圓（含稅）

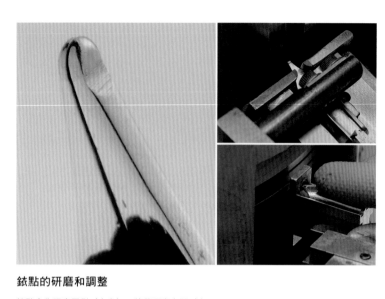

## #3776 Century
## 筆尖的優勢

筆尖是以約40年前研發出來的 #3776為基礎，經過改良所製成的。雖然有著扎實的書寫感，但只要緩緩施加筆壓，筆尖就會產生絕妙彎度的柔韌彈力，俘虜了眾多使用者。#3776 Century徹底活用了研發當時「為了書寫美麗日文」的基本設計。

### 銥點的研磨和調整

銥點會先研磨兩側（右上），接著研磨上下（右下），再進入最終調整。

### 筆舌的改良

筆尖和筆舌的形狀也經過徹底研究，由於兩者的形狀完美契合，因此能達到理想的出墨量。

## 筆尖絕妙的輪廓線條

仔細觀察就會發現#3776 Century的筆尖形狀也相當特殊。筆尖根部因沖壓加工而收窄到極致，賦予筆尖曲線相當大的變化。這項設計是基於研發 #3776時，梅田晴夫先生提出的要求。並且越是接近筆尖前端，筆尖形狀就越是平坦，形成絕妙的變化。筆尖不會因筆壓而向左右過度撐開，能夠以絕佳的彈力感書寫，其祕密就在於這個特殊的筆尖形狀。

### 根部形狀

此處帶有弧度，賦予筆尖充足彈力。

### 通氣孔

絕大多數鋼筆的通氣孔都呈圓形，白金牌則依舊維持著心形設計。

### 前端外形

前端相當平坦，孕育出柔軟彈力和絕佳的書寫筆觸。

### 中縫

調整筆尖前端收窄幅度，改良為即使筆壓較弱，依然能順暢地出墨。

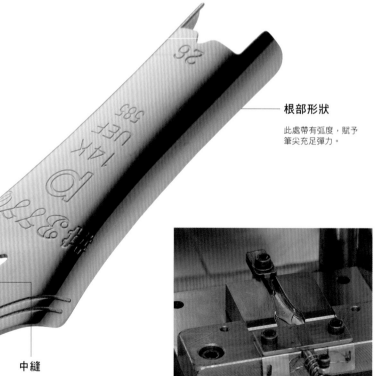

筆尖的沖壓工序。就是透過這道工序，賦予#3776 Century絕佳的輪廓線條。

# PLATINUM
## #3776 CENTURY

# 酒井榮助的鋼筆

## 竹筆桿

竹筆桿是酒井榮助的代表性鋼筆產品之一。藉由刮刀和刨棍等工具巧妙地切削，塑造出外型有如天然竹材的筆桿。筆桿直徑小者3分3厘（約10mm）起，大者偶爾可見寬達1寸（約30mm）的產品。

實物大

實物大

實物大

**硬質橡膠製 5分**
**1990年代末　88,000日圓**

針對海外市場製作的限量品。筆蓋環上刻有「001/200」的產品編號，以及「挽榮 Ban-ei」字樣的刻印。幾乎未使用。

**木製 6分**
**1970年代　55,000日圓**

推測為木質筆桿中體型最大的產品。考慮到耐久性，螺紋部分改以硬質橡膠製作，真是思慮周全。產量同樣十分稀少。

**硬質橡膠製 1寸**
**1970年代　50,000日圓**

在酒井榮助製作的鋼筆中，這一款應該是最大的尺碼了。直徑寬達1寸（約30mm），應該不是為了實用用途而製作。

負責製作鋼筆的基礎──筆桿外受到大眾好評。任務的土田修一，其個人才華格後整修工作，同時一肩扛起銷售筆」的原因。尤其負責重要的最大廠不同造型的鋼筆。這也是他們的產品特別被稱為「手工鋼結一致，以俊秀的手工製作出與高自製率的局勢之下，4個人團田修一。在大型廠商紛紛設法提吉太郎，以及負責最後整修的土筆尖的兜木銀次郎、塗漆師高橋別是製造筆桿的酒井榮助、製作是「四天王」的這4名工匠，分合作製造，具有其特殊性。曬稱這些產品大多是由4位熟練工匠作的鋼筆。值得特別說明的是，

在市場上有各種的酒井榮助製助的手工鋼筆。稱「最後一位挽物師」的酒井榮成形的工匠。這一回想要探索人械「轆轤鉋」，為各種材料切割師。這是使用日本特有的切削機在日本，有一種職業叫做挽物

**profile**

**酒井榮助**

1916年（大正5年）生於新潟。14歲時進入La Clarte公司擔任見習鋼筆工匠。1941年26歲時離職獨立，於Seizan公司工作，在這段時期和到此就業的土田修一相識。1965年左右，和土田氏合作產銷手工鋼筆。之後固定於新座市畑中的工房內，以鋼筆挽物師的身分承擔製作任務。雅號挽榮。2011年仙逝。攝影／古山浩一

撰文／藤井榮藏　攝影／北鄉仁　報導年份：2015年6月
洽詢：Eurobox TEL 03-3538-8388 www.euro-box.com
※各標價為2015年6月時Eurobox的含稅價。

## 塗漆筆桿

塗漆筆桿又可以細分為會津塗、津輕塗（唐塗）等種類。塗漆工以高橋吉太郎為主，另外又與北村善一、中村光彩（蒔繪師）等人分別製作。

**漆黑 5分　1980年代中期　48,000日圓**

與池波正太郎愛用的鋼筆完全相同的款式。漆黑的外觀，筆尖刻有「WARRANTED 585 14KARAT JIS」字樣，代表是由兜木製作。

### 池波正太郎愛用的筆款

據說池波正太郎認為原稿必須以鋼筆書寫才順手，他生前使用過酒井榮助的鎌倉彫和漆黑等多種款式。而且他實際愛用的漆黑款甚至還改造成使用卡水上墨。

**赤漆塗 5分　1990年左右　70,000日圓**

這是四天王的合作產品，也有針對女性推出的4分筆桿款式。以往藉由CBS・SONY郵購和紀伊國屋Ad hoc、型錄式郵購「Light Up」等方式銷售。

**玉蟲塗 5分　1990年代末期　58,000日圓**

灑上金粉，以透明漆在外層上色的筆桿表面，遠觀彷彿甲蟲的翅膀一樣，所以又稱做玉蟲塗。這是比較後期的會津塗產品。安裝寫樂生產的筆尖。

## DUOFOLD型

筆桿兩端削平的「DUOFOLD型」，又分成漆黑、藍、紅、綠4種顏色。在1970年代另外生產按鈕式上墨的款式。

**漆黑 4分5厘　1980年代　48,000日圓**

筆桿漆黑，筆尖採用白金牌鋼筆產品的初期款。某些產品的筆尖上刻有「復刻」字樣。到了1999年左右，為了壓低生產成本，開始改用寫樂製筆尖。

**綠 4分5厘　1980年代　58,000日圓**

完全使用綠色的塗漆方式。筆尖和漆黑款一樣採用白金牌鋼筆製品。日後同型號「復刻手造鋼筆」的限量復刻款上市。

---

**Column**

### 2種落款「挽榮」和「鍛道」

酒井榮助除了挽物師身份的雅號「挽榮」之外，另外還有舞劍家身份的雅號「鍛道」。市面上偶爾可以見到刻有「鍛道」落款的鋼筆。

「挽榮」雅號有手寫款和印刷款2種，數量極為少見。而「Ban-ei」字樣則刻在外銷款式上。

「鍛道」字樣會出現在試作品或個人訂製品上，可以窺見酒井榮助的另一面，令人感到趣味無窮。

## 鎌倉彫筆桿

以酒井榮助製作的硬質橡膠筆桿為基底，再由其他工匠塗上黑漆，乾燥後重複塗上多層顏色的漆，最後再做部分雕刻。雕刻的部分會顯露出多層上色的彩漆。

**赤塗 5分**
**1980年代　53,000日圓**

雕刻作業採用機械進行。於二次大戰後在東京製造。另外有被稱做山葵青的藍色產品存在。

**黑塗 5分**
**1990年代末期　88,000日圓**

重複塗上黑、赤、黑3層漆之後，做部分雕刻的筆款。筆蓋環上刻有「001/200」的產品序號，以及「挽榮 Ban-ei」字樣的外銷貨。

的酒井榮助，自從14歲擔任見習工開始，一直貫徹挽物師這條道路。當他在世時，我們曾經前往工房探訪，也聽過他略帶微詞地說：「造一支筆桿也只有賺幾百日圓。」儘管如此，他依舊日以繼夜地製作筆桿。酒井榮助是認定了自己的人生道路，並堅持到底的人物。同時他也是一個信仰虔誠的人，會和木芥子工匠、陀螺工匠一樣深信宗教，甚至自行建立法會組織，舉行「轆轤祭」。

相信在今後，酒井榮助鋼筆將會以冠上挽物師名號的稀有鋼筆地位，不斷地傳承下去。

## 珍品
# 翼尖

翼尖原本是萬寶龍公司的專屬產品，但其實兜木也曾經製作過。形狀極為類似萬寶龍的翼尖，性能上也不會比萬寶龍的差。

**翼尖 4分 1970年代中期 40,000日圓**

1975年左右的產品。數量雖然不多，但這是為丸善製作，曾經量產過一段期間的正式商品。筆尖刻有「4622」字樣（關於兜木筆尖的JIS編號請參照下方專欄）。

## 珍品
# 復刻手造鋼筆

這款鋼筆可以說是擔任挽物師60多年，一路走來始終如一的酒井榮助記念款式。由4位名匠發揮從昭和時代初期綿延培養下來的技術，重新恢復生產的鋼筆。限量生產1萬支。

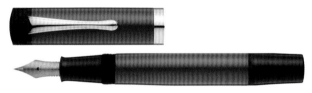

**粗筆桿 赤漆 5分 1994年左右 88,000日圓**

有粗筆桿和中型筆桿2種產品。照片中是威風凜凜的粗筆桿。筆尖刻有「復刻手造萬年筆」字樣，筆尖分別採用兜木製和白金牌鋼筆製2種。

 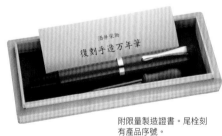

附限量製造證書。尾栓刻有產品序號。

# Onoto型

由於外型類似德拉魯公司的Onoto鋼筆，因此被稱為Onoto型。筆桿直徑小自3分6厘的細桿，大至5分寬的粗筆桿。

**全硬質橡膠5分 1960年代 45,000日圓**

Onoto型的產品又分成全硬質橡膠筆桿和漆塗筆桿2種。這種全硬質橡膠筆桿相對產量較少。經久變色的表面顯現出歲月的深度。

**全硬質橡膠3分6厘 1990年左右 35,000日圓**

附屬的小冊子中提到，這支鋼筆是由酒井榮助和兜木銀次郎2人合作的產品。安裝兜木的「Steady」筆尖。桐箱裝。

**朱漆 3分6厘 1990年左右 45,000日圓**

這款鋼筆的紅漆筆桿相對少見。可能是訂製品，或者是顧客自行改造也不一定。

# 樹脂筆桿・賽璐珞筆桿

這些樹脂・賽璐珞製鋼筆並沒有量產。只有極少數流入個人顧客手中，絕大多數是試作品。

**1970～1980年代 7,000～15,000日圓**

雖然說是樹脂筆桿，卻包含了素色、彩色大理石紋，甚至透明筆桿和竹筆桿等多種類型。卡水式上墨的筆桿也是珍貴的歷史資料。

---

Column

**兜木筆尖和JIS規格
（JIS3233/
4622/4922）**

在鋼筆廠商林立的1960年代，兜木製作所（兜木銀次郎）出貨的筆尖主要針對手工鋼筆業者。產品可能刻有「GINJIRO」、「GK」、「Steady」、「GREAT」、「Pelikan」等字樣。

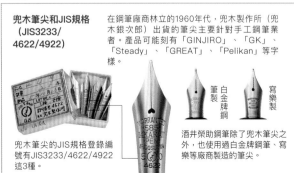

兜木筆尖的JIS規格登錄編號有JIS3233/4622/4922這3種。

筆尖製　白金牌鋼筆製　寫樂製

酒井榮助鋼筆除了兜木筆尖之外，也使用過白金牌鋼筆、寫樂等廠商製造的筆尖。

Column

**「四天王」
的合作**

酒井榮助鋼筆多半是由4名優越的工匠聯手製作，這4人又被稱做「四天王」。鋼筆產品會附上如下圖的保證書，裝在桐箱裡發售。

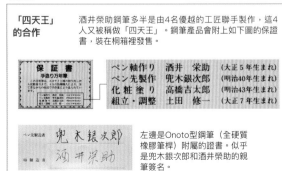

| | | |
|---|---|---|
| ペン軸作り | 酒井 栄助 | （大正5年生まれ） |
| ペン先製作 | 兜木銀次郎 | （明治40年生まれ） |
| 化粧 塗り | 高橋吉太郎 | （明治43年生まれ） |
| 組立・調整 | 土田 修一 | （大正7年生まれ） |

左邊是Onoto型鋼筆（全硬質橡膠筆桿）附屬的證書。似乎是兜木銀次郎和酒井榮助的親筆簽名。

## 珍品
# 少見的蒔繪和津輕塗・會津塗筆桿

以酒井榮助製作的筆桿為基底，委由津輕塗或會津塗工匠加工的特別訂製品。蒔繪的每一種圖案產量也都有限。外觀華麗。

## 珍品
# 稀有的木質筆桿

酒井榮助挑戰過許多種木質筆桿，但產量都極為稀少，僅止於接單生產和試作的程度。其實木質筆桿也是酒井榮助的本領所在。

**會津塗「雲錦」**
4分
1990年代
98,000日圓

吉祥的雲綿蒔繪是自古以來就很受歡迎的圖案。圖案繪製應該出自負責蒔繪加工的中村光彩之手。

**唐塗**
5分
1990年代末
98,000日圓

斑點部分的紋樣，是使用開了洞的特殊鏟片壓成形。同時兼顧了纖細與華麗，是充分表達日本傳統美感的作品。

**紋紗塗**
5分
1990年代末期
98,000日圓

在黑漆外灑上紗（穎殼）燒成的炭粉之後，再進行研磨。粗糙的部分顯露出獨特的風格。

**唐塗**
5分
1990年代末期
98,000日圓

是代表「津輕塗」的一種塗裝方式，以有色漆重疊上色之後研磨出紋樣。成品有一種厚重的氣質。

**石楠木**
4分
1970年代
48,000日圓

不出意料，酒井榮助果然也經手過石楠木材質的產品。這可能是為了熟客製作的產品。是貴重且具有史料價值的作品。

**紫檀**
5分
1970年代
55,000日圓

紫檀特有的色調產生的紋樣可說是風味十足。遺憾的是產量極少，非常不容易找到。

**黑柿**
5分
1970年代
55,000日圓

黑柿材的特徵是木材密度較低，表面會顯露有如條紋的部分。這反而讓作品的表情更加有趣。

**蛇木**
5分
1970年代
58,000日圓

酒井榮助的產品群中竟然有昂貴的蛇木筆桿，真是令人佩服。這是一種非常堅硬的材料，從外觀可以窺見加工時的辛苦。超稀有。

**櫻木**
6分
1970年代
55,000日圓

這應該是櫻木筆桿中最大型的鋼筆了。產量非常稀少。

---

**Column**

## 酒井榮助經手過的各種上墨機構

**基本上採用日本滴入式**
日本滴入式鋼筆的基本結構，是①使用滴管補充墨水，②以尾栓控制墨水流向的2個基本結構。

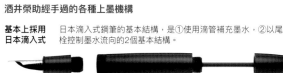

使用滴管把墨水注入握位的筆桿。

**負壓上墨式**
基本結構與德拉魯（Onoto）一樣。酒井榮助的負壓上墨式鋼筆數量很少，非常難得一見。

活塞使用扁平的橡膠。前端部分是沒有尖端部位的螺絲釘。

**天體**
因為專利問題，沒有成功量產。不過這也是代表酒井榮助勇於挑戰的貴重資料之一。

# 木桿禮讚

## 賞玩自然產生的
## 獨一無二的木紋

現在，木質筆桿正熱門。市面有石楠木、屋久杉、楓木等各種材質，吸引著消費者的眼光。最大的魅力所在，就是絕無重複，自然材質特有的木紋變化。而觸感舒適、可賞玩經久變化後木紋的色澤變化，也是木質筆桿特有的樂趣。

要如何展現材質特有的木紋個性，是工匠的技術精華所在。由此可以窺見創作者的苦心，也是同樣深奧的地方。

沒有塗裝的純木筆桿比樹脂筆桿容易刮傷，而且沾到墨水時會形成斑點，這是使用上必須留意的地方。

---

 ## 石楠木

石楠木是原產於地中海沿岸的落葉喬木。質地耐久又耐熱的特性，使得書寫用具廠商紛紛採用這種木材。木紋美觀、風姿優雅的石楠木，是最適合製作筆桿的木材了。

---

**SAILOR Profit 80 創立80週年記念**
**1991年 198,000日圓**

在川口明弘經手研發的鋼筆之中，名符其實的首選佳作。製作目標是「耐久百年的筆」。又分成色澤明亮的「茶色」與色澤較暗的「焦茶」2款。筆尖是長刀研Cross Point。

---

**SAILOR Profit 80 創立80週年記念 原子筆 1991年 65,000日圓**

鋼筆的總生產量據說有5000支，但實際上更少。而原子筆似乎只有1000支左右。據說過去曾有2支1組的套裝產品。這支原子筆是「焦茶」款式。

---

**SAILOR Profit 85 Dr. pen 石楠木**
**1996年 200,000日圓**

由長原宣義監製，據說一共只有5支產品。筆蓋環設計和80週年記念款式完全相同。另有象牙款式產品存在。筆尖是21K金的長刀研。

---

**SAILOR 鋼筆道樂 創立90週年記念**
**2001年 188,000日圓**

筆尖是寫樂的長原宣義，筆桿由柘植製作所的福田和弘加工，本桐製的筆盒由佐藤宏作製作，是集結當代3大名工匠精湛技術的心血結晶。真不是普通人能出手的鋼筆。

---

**SAILOR King Profit 石楠木 紅**
**2009年 135,000日圓**

寫樂最大型的產品King Profit，搭配石楠木材質製作的成果，真不愧是「國王的鋼筆」。順暢柔軟的筆觸正合適這支鋼筆。是男子漢的鋼筆。接單生產款。

---

**SAILOR Profit 30週年記念 石楠木**
**2011年 95,000日圓**

為了紀念1981年上市以來，一直受到消費者支持的「Profit」上市30週年而推出的紀念款。為了凸顯石楠木的風格，表面不上色，只有上油手工研磨。

---

撰文／藤井榮藏　攝影／北鄉仁　報導年份：2018年6月
採訪協助／EuroBox　※各標價為2018年6月時EuroBox的含稅價。

**PLATINUM　#3776 石楠木 初期型**
**1980年代初期　28,000日圓**

#3776是在1978年，在梅田晴夫的協助之下，以「理想的鋼筆」為目標研發的鋼筆產品，如今已經是白金牌的旗艦產品。這一支是天冠平坦的初期型，顏色較亮的「淡色」款。

**PLATINUM　#3776 石楠木**
**1980年代　55,000日圓**

筆蓋採用螺旋式的稀有款式。有2條筆蓋環、硬質橡膠筆舌，而且連握位都是石楠木的材質，在一般#3776不可能採用。推測是1980年代前期的試作品。超稀有。

**WATERMAN　Le Man 100 石楠木 暗色**
**1985年左右　65,000日圓**

1983年時，為了紀念創業100年而開創的「Le Man 100系列」。外型繼承了1920年代的風格，並且在1985年左右推出石楠木款式。產品分成顏色較淡的亮色款和顏色較濃的暗色款2種。

**WATERMAN　Le Man 100 石楠木 暗色 原子筆**
**1985年左右　30,000日圓**

石楠木款式有原子筆、鉛筆、鋼珠筆等，各有亮色款與暗色款的產品。

**Jack Mankiewicz　石楠木**
**1990年代　22,000日圓**

Jack Mankiewicz是以德國為據點從事活動的藝術家。他製作過石楠木、墨西哥玫瑰木等木桿鋼筆。1990年代的進口貨。

**OMAS　A.M.87 石楠木 栗**
**1987年　63,000日圓**

「A.M.87」是Armando Simoni的孫子Gianluca Simoni，為了紀念在1987年過世的父親Angelo Malaguti而推出的鋼筆系列。A.M.是Angelo Malaguti的姓名縮寫。

**OMAS　A.M.87 石楠木 藍**
**1987年　65,000日圓**

「A.M.87」石楠木系列有栗色、藍色、橙色、長綠、托斯卡納橘紅等顏色。這個系列的筆桿上都刻有「A.M.87」的字樣。

**OMAS　A.M.87 石楠木 長綠**
**1987年　65,000日圓**

筆蓋環上的希臘紋據說代表著Simoni對於希臘文化的衷情。這種又被稱做長青綠色的深綠色，一如字面所示，是恆久且深邃的綠色。

**OMAS　Amerigo Vespucci**
**1991年　78,000日圓**

為了紀念偉大的探險家亞美利哥‧維斯普奇（Amerigo Vespucci），以帆船亞美利哥‧維斯普奇號的造型為靈感而創作的特別限定款產品。以A.M.87為基礎的Ogiva外型設計。握位上刻有生產年份1991的字樣。

**OMAS　A.M.87 石楠木 長綠 原子筆　1987年　25,000日圓**

「A.M.87」的石楠木木質筆桿系列在歐美非常受歡迎。替換用的筆芯也容易購買。上市當時的定價是45,000日圓。

**OMAS　A.M.87 石楠木 長綠 鉛筆　1987年　25,000日圓**

「A.M.87」系列的各款都經過鍍膜加工，因此不需擔心污損或斑點問題。相對地，無法享受材質經久變化的樂趣。

**OMAS　A.M.87 石楠木 橙 原子筆　1987年　28,000日圓**

橙色的石楠木紋樣清晰，非常美觀。雖然筆桿上沒有許多石楠木特有的鳥目紋，但是紋理長得還不錯。

**OMAS　A.M.87 石楠木 橙 鉛筆　1987年　20,000日圓**

雖然暢銷，但在2002年左右停產。筆桿的鍍膜有一處剝落。旋出式。0.5mm筆芯。

**OMAS　A.M.87 石楠木 橙 淑女款 原子筆　1987年　25,000日圓**

比較少見的淑女款石楠木原子筆。掌心大小（13cm），最適於隨身備忘錄用途。備用筆芯也容易購買。

**OMAS　Amerigo Vespucci 鉛筆　1991年　26,000日圓**

以美麗的帆船亞美利哥‧維斯普奇號的造型為靈感而創作的特別限定款鉛筆。石楠木外頭有紅色的鍍膜加工。0.5mm筆芯。

## ■ 黑檀

黑檀是柿樹科的常綠闊葉樹，質地堅硬耐久。色澤通常為黑褐色。一般不是欣賞其木紋，而是注重其沉穩色澤，及經久使用會泛出黑色光澤的獨特性質。

**酒井榮助　黑檀 日本滴入式**
**1980年左右　45,000日圓**

終生擔任轉盤工匠的酒井榮助曾挑戰過多種木質筆桿。例如紫檀、杉木、石楠木、黑柿等，產品不勝枚舉。這一款是酒井榮助作品中少見的黑檀材質。

**SAILOR　木質筆桿黑檀加賀蒔繪 千羽鶴**
**1990年代初頭　48,000日圓**

1990年左右起生產的「木質筆桿黑檀 加賀蒔繪系列」產品之一。這支筆是高級款式，產品外層的加工技術是代代相傳的傳統技術「加賀蒔繪」，由加賀藩前田家麾下的蒔繪師五十嵐家創立。

**SAILOR　銘木系列 黑檀**
**1995年左右　40,000日圓**

以天然木材為材料的「銘木系列」產品之一。黑檀與紫檀、鐵刀木並列為3大亞洲進口銘木，具有堅硬耐久的特性。外層以天然漆加工。

**OMAS　#360 Ebony wood**
**2005年左右　65,000日圓**

Ebony wood產量有限，因此十分珍貴。基於人體工學設計的#360，在握持部位呈三角柱造型，因此任何人在握筆時都不會遲疑。乍看之下似乎不容易握持，實際上手感卻出乎意料地穩定。

**SAILOR　黑檀櫂筆 鷹王 皇帝系列**
**2007年左右　160,000日圓**

以黑檀櫂筆為基礎，鑲入螺鈿，再以乾漆蒔繪加工。筆尖採用鷹王的皇帝系列款式，是長原宣義的不朽名作。

**SAILOR　黑檀櫂筆 長刀（NMF）**
**2012年左右　45,000日圓**

長原宣義作品之一。筆桿長達19cm，超出一般產品設計。形狀，以及木紋不明顯的筆桿表面非常美觀。要說這是書寫用具，還不如說是一件工藝品。

## ■ 黑柿

黑柿是帶有黑色紋理，樹齡數百年的柿木材料。原木容易皸裂，必須長年自然風乾才能使用，因此價格昂貴。木紋變化多端也是有趣的地方。

**SAILOR　黑柿**
**1990年代　190,000日圓**

川口明弘企劃的特別款式。這是使用有限材料，在摸索中尋找製作方式的特別訂製款，因此有著寫樂產品中不存在的外型。生產數量只有10支的超稀有貨品。

**NAGASAWA Bungu Center　133週年紀念 黑柿孔雀**
**2015年　78,000日圓**

為了書房用途而設計的短款櫂筆。使用多半作為家具或茶具用途的高級材料「黑柿孔雀」。這種有如流水一般變化的黑色與棕色紋理被稱為「孔雀瘤紋」。

## 竹

竹的最大魅力在於千奇百怪的形狀，尤其布袋竹更是具有無限的趣味。但是採用竹材的廠商卻少得讓人意外，目前是寫樂獨霸市場。

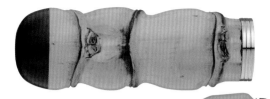

**SAILOR 布袋竹 2005年左右 參考品**

布袋竹鋼筆是融合了豐富的天然材料和工匠技藝的「長原宣義 匠技系列」產品之一，也是長原宣義名作中的名作。在和紙上也能滑溜地書寫。筆尖是3層筆尖的鷹王。

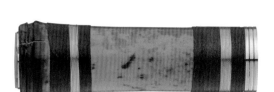

**SAILOR 煤竹 竹取物語 卷線（鍍純金）**
**2005年左右 130,000日圓**

這支鋼筆使用的材料是在早年茅草屋頂的天井上，作為垂木或地板使用的煤竹。在火爐的煙燻下度過幾十年的竹子有著獨特的風味。筆尖是舊型長刀研裏十字皇帝。

**SAILOR 煤竹 竹取物語（鍍純金） 2005年左右 118,000日圓**

這款也是長原宣義 匠技系列的產品之一。煤竹隨著竹材放置的位置與年份，會產生千變萬化的外型變化。竹材特有的直向溝紋也很有趣。筆尖是舊型長刀研。

## 楓木

楓木是落葉喬木，質地堅硬耐久。有些色澤淡麗，有些則像板屋楓一樣偏紅褐色。通常木紋細密，經久變化得較快。

**PILOT CUSTOM 楓木**
**1971年 12,000日圓**

材質採用木紋美觀的落葉喬木板屋楓。經過硬化處理，仔細打磨後完工。由於沒有鍍膜加工，因此會隨著使用而漸漸熟成，可以享受木紋顏色的變化。

**PILOT CUSTOM 楓木 原子筆 1971年 6,000日圓**

材質採用木紋美觀的落葉喬木板屋楓。和上述鋼筆相同，是顏色較亮的個體。隨著長期使用，色澤會漸漸變濃。

**PILOT CUSTOM Grandee 楓木 鉛筆 1978年 6,500日圓**

在採用板屋楓的款式之中，Grandee是繼CUSTOM楓木之後的第2款產品。鉛筆的中古品在市場上較為少見。0.5mm筆芯。

**PILOT Capless 楓木 Capless 50週年記念 2013年 58,000日圓**

這是Capless第一次採用木質筆桿的產品。連專用禮盒、卡水盒、銘版都全數以板屋楓木材製作，可見廠商有多用心。筆桿經過含浸加工。限量900支。

**PLATINUM PPK-10000A 楓木**
**1980年代初期 9,000日圓**

在白金牌鋼筆產品之中較為少見的楓木材質鋼筆。1985年當時定價是12,000日圓，不知為何後來降價到10,000日圓，最後宣布停產。

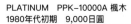

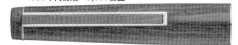

**蛇木**

桫欏科植物，因為外層紋樣像是蛇鱗，所以又被稱為蛇木。蛇木有著讓人聯想起古董家具的獨特氣質。材質具有一股威嚴，充滿存在感。

**PLATINUM 創業70週年記念 Letterwood**
**1989年　180,000日圓**

蛇木又被稱為Letterwood。在創業70周年記念生產的7種產品中，Letterwood的產量只有100支，是讓收藏家垂涎的鋼筆。這支是連握位都以Letterwood製作的珍品。

**GRAF VON FABER-CASTELL　蛇木**
**2003年　78,000日圓**

蛇木被認為是世界上最具有價值的木材。如同蛇鱗一樣的紋樣非常美觀。伯爵典藏系列是由熟練工匠，經由上百道工序製成。1761支的限量款式。

**CARAN D'ACHE　VARIUS 蛇木 原子筆　2010年　48,000日圓**

蛇木是高密度的沉重材料。和其他木材相同，經久使用後色調會漸漸變濃，但會留下黑色斑紋。這款產品出現在2010年，但在3年後停產。

 **杉**

杉木是常綠針葉樹，有屋久杉、吉野杉、天龍杉等多種地區品種。相對較為容易加工，而屋久杉和天龍杉等被採用為鋼筆材料。

**SAILOR　屋久杉 泡瘤**
**2009年　170,000日圓**

生長在屋久島，樹齡千年以上的杉樹稱為「屋久杉」。這款鋼筆使用的是外型有如小漩渦集中形成的泡瘤部分。泡瘤木材非常不容易取得，是相當稀有的產物。

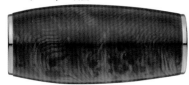

**SAILOR　智頭杉標準款**
**2010年　12,000日圓**

使用鳥取縣產的智頭杉木。據說在積雪的深山中生長的智頭杉，年輪細密且木紋平整，非常美麗。外層無鍍膜加工，因此經久變化得較快。舊款式。

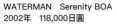 **微凹黃檀**

微凹黃檀木材質堅固耐久，常用於製作樂器或室內裝潢。多半色澤濃厚、材質沉穩，而且觸感舒適。木紋較為粗糙，但反而顯得有趣。

**WATERMAN　Serenity BOA**
**2002年　118,000日圓**

Serenity採用墨西哥產的微凹黃檀木。經過研磨後，呈現赤褐色的木紋顯得格外美觀。壓著筆夾旋轉筆桿，就可拆下握位；這支筆之中還有許多奇特的機關。

**鋼筆博士　微凹黃檀木**
**2004年左右　98,000日圓**

由前任工匠田中晴美製作的款式。筆蓋底端和握位使用青色的賽璐珞，是展現田中先生童心的稀有珍品。配備寫樂製的筆尖。

**鋼筆博士　微凹黃檀木**
**2009年左右　108,000日圓**

田中晴美為了紀念工匠生涯50週年，以「究極造型」為目標製作的一款鋼筆。因廣受好評，轉眼銷售一空。此款作品為標準款式。附18K金製的筆桿套環。

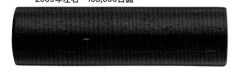

# 其他木質筆桿

**PLATINUM 櫻木**
1971年左右　10,000日圓

相對少見的白金牌木製鋼筆。經過長年使用之後，顏色顯得非常沉著穩健。儘管體型小，但威風十足。短款，附14K金筆尖。

**酒井榮助 日本滴入式**
1980年左右　38,000日圓

材質似乎是櫟木或橡木，目前無法確認。以酒井榮助的鋼筆來說，這種造型不大常見，應該是試作品。筆尖也是不常見的HENKEL製品。

**PARKER 紅木**
1980年左右　53,000日圓

採用8種木材，每種限量各2000支，由派克德國工廠製造的產品。但是這項生產計畫在美國派克反對之下中斷。是所有派克鋼筆中外型最為獨到的奇妙產品。

**WATERMAN 楓丹白露 綠 原子筆**
1990年代初期　27,000日圓

以法國境內的古城楓丹白露森林為創作概念。採用高原的樺木，並經過含浸加工強化材質。

**OMAS Ogiva 印地安棕櫚　2009年左右　108,000日圓**

Ogiva木質系列產品之一。以黑色和茶色為底的直線條紋，雖然粗獷但值得把玩。握位是純銀材質。

**SAILOR 鐵刀木 銘木系列**
1990年代　53,000日圓

在大膽採用天然材質的銘木系列產品裡，鐵刀木頗受大眾歡迎。鐵刀木特徵是堅硬沉重，堅固耐久。由現代名工．長原宣義調整過的皇帝款筆尖。

**大丸藤井 百樂 樽（大丸藤井CENTRAL限定）**
2006年　25,000日圓

由札幌大丸藤井CENTRAL和在北海道活動的廣播主持人日高晤郎聯名推出的鋼筆。採用北海道特有的威士忌木桶做為材料，是很獨到的一款鋼筆。百樂製造。限量300支。

**SAILOR 銘木系列 積層材 綠**
2008年前後　30,000日圓

使用積層材的稀有鋼筆，據說是針對北美市場的限定款式，形狀和銘木系列完全一樣。但具有一般木材不會有的綠色外觀，這是積層材特有的顏色。金屬部份為銀色。超稀有品。

**SAILOR 銘木系列 積層材 紅**
2008年前後　30,000日圓

這款似乎也是積層材，但經過鍍膜處理。和綠色款相同，似乎是針對北美市場的限定款式，但生產數量不明。木紋清晰明顯，是一款美麗的鋼筆。

**SAILOR 寄木細工**
2012年　36,000日圓

藉由江戶時代傳承下的寄木細工技術製作筆桿的鋼筆。讓人能同時感受傳統工藝及木質的溫潤特色，是充滿魅力的一支筆。附寄木細工製作的卡水盒。另外有銀色金屬零件的百貨公司限定款式。

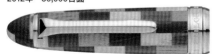
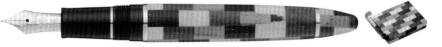

**SAILOR 100週年記念 島桑　2011年**
108,000日圓

採用伊豆御藏島產的最高級島桑，為了將木紋的美麗發揮至極，外層以拭漆技術加工。筆蓋上由加賀蒔繪師描繪波浪紋。

**OMAS ARTE ITALIANA Mylord 橄欖木**
2012年左右　108,000日圓

款式與ARTE ITALIANA系列相同，但這款是針對W.I.公司訂單生產的試作品。刻有W.I.-000 PROTO的字樣。沒有鍍膜加工的純木材質。金屬部分為純銀。超稀有品。

# 與實物同等大小的古典迷你鋼筆

**頂部可掛鍊的鋼筆**

頂部附有掛環的鋼筆，可掛上鍊子後收進口袋或包包，此種類型的鋼筆大多製成迷你尺寸。

**PARKER DUOFOLD Vest Pocket** 青金石藍 1929年前後
鋼筆／鉛筆套組　76,000日圓

主要以單支販售，但也有販售許多附專用收納盒的組合。青金石藍在多福系列的Vest Pocket款之中是稀有色，因此在中古市場的行情較高。Vest Pocket款的鋼筆皆為按鍵式。

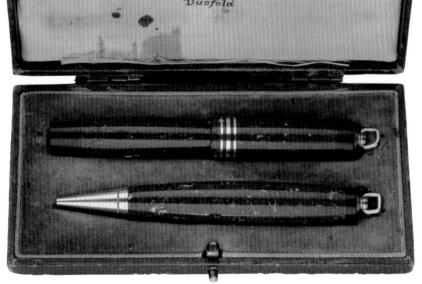

這次精選出具代表性的古董可愛鋼筆，也有尺寸小到讓人誤以為是裝飾娃娃屋用的鋼筆，由此可知，過去各廠商將迷你鋼筆視為重要產品，積極開發各種款式以因應需求。

迷你鋼筆也有各式各樣的種類，名稱也依廠商而有所不同，如Bantam（小型）、Dinkie（小）、Baby、Lady等等。

有以女性為主要客群的多彩迷你鋼筆，套筆蓋的本體尺寸皆在11cm以內。

價格親民，作為隨身攜帶的工具相當方便，而且光外表便令人賞心悅目，這些都可說是迷你鋼筆的魅力之處。

**PARKER 14 Lucky Curve**
**Jack Knife Safety** 銀
**1906年前後　100,000日圓**

頂部為扭結型的極稀有款式，內有Jack Knife Safety防漏墨裝置，隨身攜帶不必擔心漏墨。

**PARKER Lucky Curve**
**Jack Knife Safety** 包金
**1920年前後　35,000日圓**

附有防止筆尖漏墨裝置的Lucky Curve筆舌，出水量穩定。

**PARKER DUOFOLD Lucky Curve**
**那不勒斯藍**
**1926年前後　28,000日圓**

此款為按鍵式鋼筆。顏色名稱取自那不勒斯的藍洞，金環中間為黑色的設計相當少見。

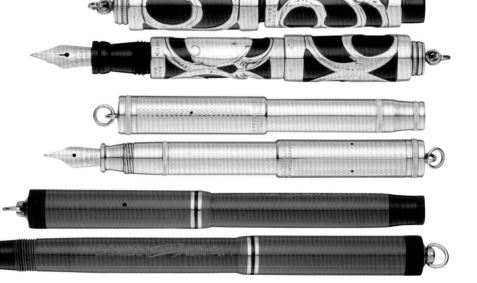

撰文／藤井榮藏　攝影／北鄉仁　報導年份：2017年3月
洽詢：EuroBox TEL 03-3538-8388 www.euro-box.com
※各標價為2017年3月時EuroBox的含稅價。

**PARKER
DUOFOLD Vest
Pocket
1929年前後**

Vest Pocket有頂部
可掛鍊型及筆夾型兩
種類型，各有以10種以
上不同顏色款式，和
DUOFOLD系列的其他
款式相比，現存數量極
少，因此任何顏色款式
的行情都相當高昂。

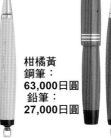

黑＆珍珠
鋼筆：
55,000日圓
鉛筆：
15,000日圓

黑＆珍珠
鋼筆：
47,000日圓
鉛筆：
25,000日圓

柑橘黃
鋼筆：
63,000日圓
鉛筆：
27,000日圓

紅
鋼筆：
48,000日圓
鉛筆：
20,000日圓

黑
鋼筆：
47,000日圓
鉛筆：
20,000日圓

### PARKER DUOFOLD Vest Pocket 翡翠綠
**1929年前後　45,000日圓**

筆桿顏色近似翡翠（Jade），因此稱作「翡翠
綠」，為人氣款式之一。

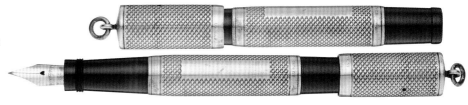

### PARKER Moderne 青銅＆藍色瑪瑙
**1932年　33,000日圓**

Moderne是PARKER在不景氣時期推出的款式，
以珍珠模樣為基底設計的摩登鋼筆。

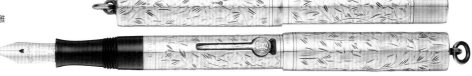

### WATERMAN 442-1/2V 大麥紋 銀
**1925年前後　85,000日圓**

442-1/2是被稱作Baby Safety的迷你尺寸，大
麥紋是其中經典的款式之一。

### WATERMAN 452-1/2V 藤紋 銀
**1923年前後　65,000日圓**

為拉桿上墨式鋼筆，筆桿的藤蔓紋路為手工雕
刻，是WATERMAN黃金時期的傑作。

### WATERMAN 52-1/2V 樞機紅
**1920年前後　28,000日圓**

WATERMAN使用的紅色是顏色較深的「樞機
紅」，筆尖柔韌，為拉桿上墨式鋼筆。

### WATERMAN 52V 波紋 藍綠
**1928年前後　49,000日圓**

藍綠色波紋筆桿是稀有的款式之一，充滿彈性的
筆尖極具WATERMAN風格。

### WATERMAN Lady Patricia 苔紋瑪瑙
**1932年前後　35,000日圓**

在當時的宣傳單上曾被形容為「Dainty」（惹人
憐愛），小巧可愛的鋼筆。

**WATERMAN Lady Patricia**
**絞線 銀**
**1932年前後　55,000日圓**

筆桿紋路宛如將線
相絞的模樣，因此
稱作絞線，是極為
稀有的款式。

**Conklin 2PNL 斑紋·硬橡膠**
**1909年前後　48,000日圓**

用新月形拉桿吸取墨水的
月牙上墨系統。PNL為口
袋尺寸、不漏墨的意思。

**Conklin 2 Lady**
**包金 搯絲**
**1918年前後　88,000日圓**

硬橡膠上方有鏤空的包金
雕刻裝飾，相當豪華的傑
作。筆尖柔軟。

**Conklin Endura 藍寶石**
**1924年前後　35,000日圓**

在樹脂產業興盛的1920
年代，Conklin也生產了
各種多彩的樹脂製小型鋼
筆。

**Conklin Endura 桃花心木 大理石**
**1925年前後　22,000日圓**

Endura是Conklin於
1920年代推出的旗
艦款，有各種豐富樣
式。

**Conklin Endura 黑＆金**
**1928年前後　27,000日圓**

以黑色為基底，參
雜金色紋路的時髦
鋼筆。Endura的
筆尖通常偏硬。

**Conklin Three Fifty 粉彩藍**
**1928年前後　25,000日圓**

以售價3美元50美分命名
的廉價版鋼筆，筆桿無特
殊裝飾，但顏色相當美
麗。

**Wahl-Eversharp 0 包金 直條紋**
**1925年前後　15,000日圓**

「0」是Wahl-Eversharp的最小型鋼筆，尺寸雖
小，卻是極具魅力的傑作。

**Wahl-Eversharp 0 包金 希臘紋**
**1925年前後　15,000日圓**

筆桿為金屬製，厚度薄，因此尺寸雖小卻能吸取
多量墨水。

**Wahl-Eversharp 2 黑＆珍珠**
**1925年前後　20,000日圓**

通常只有小型鋼筆才有頂
部可掛鍊的類型，不過這
款算是其中尺寸較大的鋼
筆。此款筆尖偏硬。

報導年份：2017年3月

### Wahl-Eversharp 2 藏青
### 1925年前後　25,000日圓

和上一支黑＆珍珠是
同款不同色，這支筆
桿是藏青色，筆尖為
Manifold極硬尖。

### Wahl-Eversharp Bantam　Morocco
### 1936年前後　18,000日圓

Bantam是小型的意思，意指
筆桿非常細小。Morocco則是
指紅色系珍珠大理石。

### MONTBLANC 1-M　Rouge et Noir
### 包金　1925年前後　480,000日圓

Rouge et Noir是萬寶龍最初
的品牌名稱，這支是1925年
前後的款式。

### MONTBLANC 1K 包金
### 1920年代　250,000日圓

萬寶龍的金屬製鋼筆
現存數量極少，因此
價格高昂，此款為
Octagonal Safety。

### MONTBLANC 332　1947年前後
### 38,000日圓

第二次世界大戰剛結束後生產
的款式，當時金在使用上受到
管制，因此是鋼製筆尖。

### MONTBLANC 221 珊瑚紅
### 1935年　135,000日圓

此款上市僅兩年便停止販售，
是極為稀有的款式，宛如魚雷
的天冠模樣相當特別。

### Astoria Baby　1930年前後　80,000日圓

Astoria是萬寶龍員工設立的
品牌，有許多鋼筆收藏家熱愛
收集。此款為拉桿上墨式鋼
筆。

### Sheaffer 2　Self-Filling
### 1919年前後　25,000日圓

筆 尖 上 方 刻 有
「Self-Filling」字
樣，筆桿上則刻有
Patent Aug.25-08
字樣。筆尖柔韌。

### Sheaffer　Lifetime 3-25
### 綠珍珠＆黑
### 1934年前後　22,000日圓

Lifetime也有推出迷你鋼筆，
濃厚的綠瑪瑙色帶來沉穩印
象。

### Conway Stewart Dinkie550
### 珍珠藍＆金色脈紋　1951年前後　18,000日圓

Dinkie是小的意思，尺寸小但
製作得十分精密。

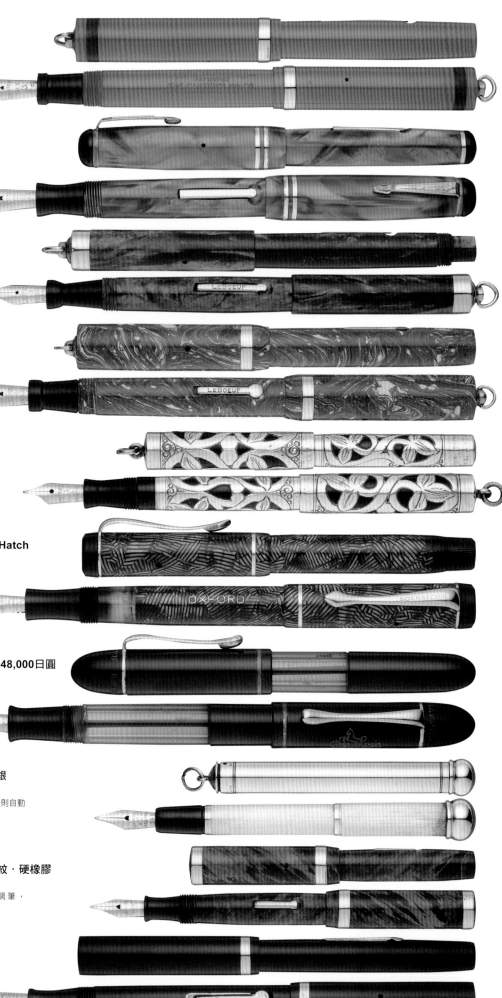

**Carter 1233 珊瑚紅**
**1928年前後　28,000日圓**

以製造墨水聞名的
Carter，於1926年初次生
產鋼筆。此款為紅色硬質
橡膠的正統樣式。

**Carter INX　Pearltex**
**淡綠松石藍 大理石**
**1933年前後　25,000日圓**

此款鋼筆稱作Pearltex，
像未加工的寶石般美麗。

**Le Boeuf 40 虎眼石**
**1930年前後　38,000日圓**

Le Boeuf生產過許多賽璐
珞鋼筆，而其中虎眼石屬
於稀有款式。此款筆桿尾
端也設計成旋轉式。

**Le Boeuf 50 灰大理石**
**1930年前後　43,000日圓**

Le Boeuf生產鋼筆的時間僅
有13年左右，而且有熱衷收
集其鋼筆的粉絲，因此流通
的數量稀少。

**Mabie Todd Swan 掐絲 銀**
**1910年代　58,000日圓**

筆桿以硬橡膠為基底，搭
配鏤空雕刻裝飾，是相當
古典的款式。此款為滴入
式鋼筆。

**Soennecken Oxford　Blue Hatch**
**1942年前後　35,000日圓**

將線條交錯的紋路稱作
Hatch，是Soennecken
的經典類型之一。此款為
吸入式鋼筆。

**Pelikan Rappen　1932年　48,000日圓**

此款為壓囊式鋼筆的最初
期型態，筆蓋上方刻有
Rappen（黑馬）的文字
及標誌。

**W.S.Hicks Telescope pen 銀**
**1905年前後　55,000日圓**

收起來時長度為85mm，將筆桿拉出後則自動
變成104mm的書寫狀態。

**CENTURY Durapoint 紅 斑紋‧硬橡膠**
**1920年代　12,000日圓**

CENTURY從1893年開始生產鋼筆，
Durapoint是其商標。

**伊東屋 ROMEO**
**1920年代　78,000日圓**

伊東屋從1914年開始生
產鋼筆。此款筆桿刻有
ROMEO字樣，拉桿則刻
有「伊」字樣。

報導年份：2017年3月

**PLATINUM 條紋·波紋 銀製**
**1930年代 45,000日圓**
此款應是白金牌生產的鋼筆之中尺寸最小的款式。為滴入式鋼筆。

**SAILOR Short 1964年前後 4,000日圓**
1960年代是迷你鋼筆興盛的時期，各家廠商爭相生產像這款Short類型的鋼筆。

**並木製作所 DUNHILL·NAMIKI 2號 塗漆**
**1930年前後 280,000日圓**
小型的DUNHILL NAMIKI擁有高價值，筆桿上方有鳥居標誌及DUNHILL NAMIKI字樣。

**並本製作所 NAMIKI 1號 透明**
**1936年前後 58,000日圓**
NAMIKI 1號的樣式、半透明賽璐珞材質、小型、鳥居標誌等都是相當稀有的特色。

**Sheaffer 藤紋 銀 旋轉式 1920年代 35,000日圓**
筆桿的藤紋是手工雕刻而成，紋路深且鮮明。筆芯直徑為1.18mm。

**Sheaffer 包金 旋轉式 1920年前後 8,000日圓**
為了讓筆在書寫時不容易從手中滑落，製成尾端較粗的形狀。筆芯直徑為1.18mm。

**Sheaffer Tuckaway 綠 旋轉式**
**1945年前後 7,000日圓**
如同其名Tuckaway（收進·藏起），此款尺寸只有手掌大小。筆芯直徑為0.9mm。

**MONTBLANC Italian Overlay 旋轉式**
**1920年代 38,000日圓**
Italian Overlay的雕刻裝飾非常精細，上方刻有MONT-BLANC字樣。筆芯直徑為1.18mm。

**MONTBLANC Pix L73 按壓式**
**1934年前後 49,000日圓**
筆桿渾圓且粗度足夠，使用起來出乎意料地好用。筆芯直徑為1.18mm。

**MONTBLANC 3 旋轉式**
**1930年前後 18,000日圓**
此款為萬寶龍生產的鉛筆當中最細的款式，為書寫筆記用。筆芯直徑為1.18mm。

**Pelikan 475 黑／綠條紋 1951年 40,000日圓**
尺寸為手掌大小的稀有款式，使用起來比外觀給人的印象還好用。筆芯直徑為1.18mm。

**Pelikan 205 黑／綠 1935年 28,000日圓**
硬質橡膠搭配賽璐珞的材質，迷你尺寸卻不失韻味的款式。筆芯直徑為1.18mm。

**無名 包金 塗漆 1920年代 7,000日圓**
包金與黑色塗漆的裝飾藝術風格。筆芯直徑為1.18mm。

**無名 七寶 旋轉式 1920年代 28,000日圓**
七寶筆桿的美麗淡藍色宛如墜飾，堪稱傑作。筆芯直徑為1.18mm。

# Vintage Pencil

## MONTBLANC & Pelikan
### 古董鉛筆的妙趣

古董鉛筆比起鋼筆，算是較無趣的書寫用具。理由很簡單，因為鉛筆不像鋼筆能變換各種顏色的墨水，也沒有其他顏色的筆芯可以更換。不過，製作書寫用具的前人依然持續不斷地製作鉛筆，這又是為什麼呢？

這次我們將透過古董書寫用具製造商——萬寶龍及百利金的鉛筆，來探詢古董鉛筆的魅力所在。

萬寶龍與百利金在1970年左右前問世的鉛筆，光是有留下資料或紀錄的筆款，粗略概算便多達500種。先不論這數量算多還是算少，至少能夠確定古董鉛筆並不適合以無趣來形容。

這邊要介紹的鉛筆，與我們手邊的自動鉛筆可是大異其趣，價格也十分高昂。雖同樣名為鉛筆，卻能顛覆想像，實在不可小看它。古董鉛筆不但能使用滑順流暢的4B筆芯，也可以使用古早的削切式筆芯，享受懷舊氛圍。希望大家都能感受到鉛筆的魅力，並充分運用這些高實用性的鉛筆。

## Pelikan

**護芯管：夾頭式**

按壓天冠部分，夾頭便會鬆開，筆芯被推出。一放開天冠，夾頭立刻縮緊，將筆芯固定住。

筆芯直徑種類

0.92 mm　1.18 mm

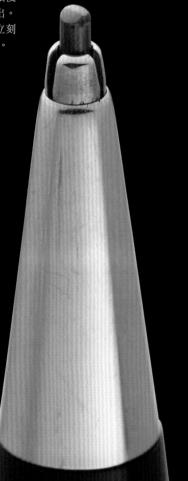

## MONTBLANC Pix

**護芯管：螺旋開縫式**

護芯管有三條螺旋狀的夾縫，這些夾縫能使護芯管開裂，以最適當的力道有效夾住筆芯。

筆芯直徑種類

0.92 mm　1.18 mm　1.5 mm　2.0 mm

**推進式自動鉛筆是以鐵絲推出筆芯的簡單構造**

拆下筆尖，便能看到裡面的金屬桿。天冠一旋轉，便能帶動金屬桿將筆芯推出；要收起筆芯時，可先將天冠回復原位，再直接將筆芯壓入筆桿中。

# MONTBLANC
## Propelling Pencil

### 〔萬寶龍旋轉式鉛筆〕

旋轉天冠或握位，將筆芯旋出的螺旋自動鉛筆
（propeller pencil）誕生於1924年。早期多為硬質橡
膠製，之後出現金、銀製的高級品，也有色彩繽紛的賽
璐珞製筆款，材質趨於多樣化。筆芯的收納處，則分為
天冠中及前端金屬零件中2種。

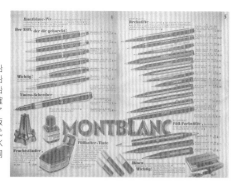

**1937年左右的
萬寶龍產品目錄**

分別介紹按壓式的Pix鉛
筆、旋轉式的螺旋自動鉛
筆、複合式的彩色筆芯鉛
筆，透過這份目錄可以明確
了解到，鉛筆已確實建立了
其商品價值。L代表奢華版
（Luxusausführung）、S代
表線條紋樣（Schraffiert）、K
代表短版（Kurz），了解這些詞
意也十分有趣。

---

**12 黑色（八角形） 1920～36年 48,000日圓** 【1.18mm】

將天冠往右旋轉，筆桿內的鐵芯桿便會推出筆芯。要收回筆芯時，先將天冠往左
旋轉，再壓入筆芯。

**3 黑色 1930～36年 18,000日圓** 【1.18mm】

細而短的迷你鉛筆，推測是便於隨身攜帶做筆記用。雖然如此短小，筆芯收納結
構仍相當完善。

**11 黑色（八角形） 1920～36年 43,000日圓** 【1.18mm】

此款筆同樣也是螺旋自動鉛筆（旋轉式）。據說發售時未確實地向消費者告知使
用方式，因此銷售不佳。

**5K 黑色 1926～38年 25,000日圓** 【1.18mm】

此款筆在螺旋自動鉛筆中算是中等大小，材質為硬橡膠製。筆桿上端刻印著標示
短桿的K字樣。

**10 銀色900（八角形） 1929～36年 170,000日圓** 【1.18mm】

萬寶龍於1926年左
右，開始製造如圖中
有金、銀加工的鉛
筆，天冠的白星則是
白色的七寶燒。

---

**Italian Overlay 包金 1922～30年 45,000日圓** 【1.18mm】

在米蘭工廠製造的筆款稱為義大利加工（Italian Overlay）。筆桿以黑色七寶燒
裝飾，工藝精湛。

**Italian Overlay 包金 1922～30年 45,000日圓** 【1.18mm】

製造於米蘭工廠，上端刻印MONT BLANC字樣。筆芯從前端取出後，可以放入
設置於筆桿內的套管中。

**223D 黑包金 丹麥製（12角形） 1950年代 28,000日圓** 【1.18mm】

筆蓋及筆桿為12角形，是相當稀少的鉛筆。丹麥工廠製，是二手市場罕見的珍
品。

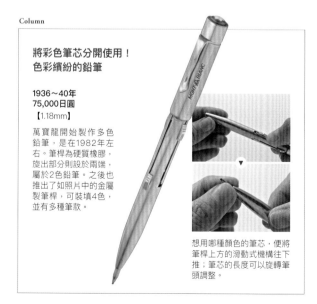

**16 珊瑚紅 丹麥製 1930年代中期 55,000日圓** 【1.18mm】

包含天冠，整體均為硬質橡膠（紅色硬質橡膠）製的筆數量極少且珍貴。是鋼筆
收藏家垂涎的必蒐藏款。

---

### Column

**將彩色筆芯分開使用！
色彩繽紛的鉛筆**

**1936～40年
75,000日圓
【1.18mm】**

萬寶龍開始製作多色
鉛筆，是在1982年左
右。筆桿為硬質橡膠，
旋出部分則設於兩端，
屬於2色鉛筆。之後也
推出了如照片中的金屬
製筆桿，可裝填4色，
並有多種筆款。

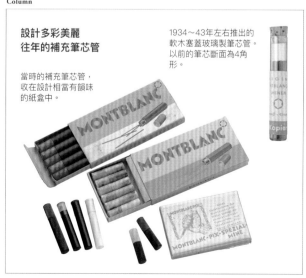

想用哪種顏色的筆芯，便將
筆桿上方的滑動式機構往下
推；筆芯的長度可以旋轉筆
頭調整。

### Column

**設計多彩美麗
往年的補充筆芯管**

當時的補充筆芯管，
收在設計相當有韻味
的紙盒中。

**1934～43年左右推出的
軟木塞蓋玻璃製筆芯管。
以前的筆芯斷面為4角
形。**

---

129 　報導年份：2015年3月　撰文／藤井榮藏　攝影／北鄉仁
　採訪協助／EuroBox TEL03-3538-8388 www.euro-box.com
　※各標價為2015年2月時EuroBox的含稅價。

# MONTBLANC Pix
## Repeater Pencil

〔萬寶龍Pix〕

Pix這個名稱，來自於按壓天冠時發出的聲音。據傳萬寶龍從德國杜塞道夫的製造商手中，買斷了此款鉛筆包含基本構造、設計概念，以及整個「Pix」商標的權利。第一號筆款於1934年發售，之後直到1960年代為止，約30餘年的時間，製造了數不盡的Pix鉛筆。

筆款名中英文的意義

G＝光澤
K＝短版（短筆桿）
S＝線條紋樣
L＝奢華版
（戰後的筆款則為「長版」之意）

封面有鉛筆照的紙盒是專用盒，其他2種紙盒則是能收納不同鉛筆的兼用盒。色彩繽紛的盒子，視覺上也非常有趣。

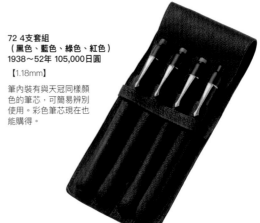

72 4支套組
（黑色、藍色、綠色、紅色）
1938～52年 105,000日圓
【1.18mm】
筆內裝有與天冠同樣顏色的筆芯，可簡易辨別使用。彩色筆芯現在也能購得。

---

**82 黑色 1934～53年 43,000日圓** 【2.0mm】

此為Pix量產品最初的筆款之一，直徑2mm的筆芯持續生產了20年，但現存數量卻很少。

**92 黑色 1935～43年 18,000日圓** 【1.18mm】

同樣為初期筆款之一，有些筆的筆夾刻印有Pix的字樣，這款筆則沒有。

**720 銀色900（8角形） 1936～55年 58,000日圓** 【1.18mm】

仿領帶外形的領帶筆夾，是Masterpiece筆款的設計。 MONTBLANC不出產925銀製的筆桿，一律使用純度90%的材質。

**710 包金（八角形） 1934～36年 69,000日圓**
【1.18mm】

筆夾上有「PIX PATENT」刻印，白星則是七寶燒製的超級珍品（七寶已脫落）。筆夾及天冠仍留有OB鉛筆的字樣。

**750 包金（六角形） 1936～53年 93,000日圓** 【1.18mm】

美譽為鑽石筆夾的筆夾上，刻印著WALZGOLD（包金）字樣。筆桿為大麥紋及素面方形紋樣。

**71L黑色 1935～37年 58,000日圓**
【1.18mm】

刻印有中意為「高級奢華」之意的德文Luxusausführung首字母L。金屬零件部分以雕刻精細的金屬裝飾。

**71 黑色 1934～47年 33,000日圓** 【1.18mm】

兩端纖細，中央較粗的流線外形，是這款筆的特色。這支筆款也有推出1.5mm的筆芯。

---

**92 黑色 無筆夾 1935～43年 18,000日圓** 【1.18mm】

Pix的初期筆款之一，沒有筆夾，為一體化的筆桿款式。

**FK72G 黑色 1936～38年 38,000日圓** 【1.18mm】

G的刻印代表意為質地光滑的Glatt，K則是意為短版的Kurz，分別取首字母來表示。前端的F代表意義不明。

**730 銀色900 1936～55年 98,000日圓** 【1.18mm】

筆桿長120mm×直徑10.7mm，尺寸稍微偏大。附Masterpiece用的領帶筆夾，刻印有900字樣，質感非常好。

**283 黑 1954～57年 45,000日圓** 【2.0mm】

1930年推出的83後繼款。特色是短而粗的渾圓外形。2mm直徑的筆芯偏粗，一般並不常見。

**172L黑色 1949～58年 38,000日圓** 【1.18mm】

刻印的「1」代表Masterpiece之意，表示與149或146等鋼筆成套的鉛筆。這裡的L代表長版（Lang〔德文〕）的意思。

# 收藏家也驚嘆的<br>珍品Pix鉛筆

Pix鉛筆的逸品不少，而這3<br>支更是超頂級的珍品。若是<br>有收藏家入手了這3支筆，<br>想必他一定是位非等閒之輩<br>的愛好者。

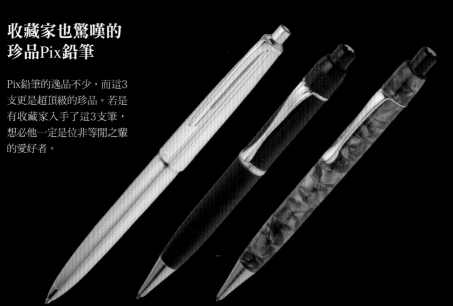

（右起）

**72 灰色大理石　1935年前後**<br>**98,000日圓**<br>【1.18mm】

這種灰色大理石紋樣，是只有92筆款及丹麥<br>製的原型筆款等少數筆款才有的珍稀顏色，超<br>級珍貴。

**72S　1934～37年**<br>**88,000日圓**<br>【1.18mm】

此款筆的特色是直線及大麥紋雕刻。筆桿上有<br>代表德文雕刻之意的Schraffiert首字母「S」的<br>刻印。僅於數年間生產，是相當稀少的珍品。

**95 白金（Pt）　1960年代**<br>**參考品**<br>【0.92mm】

白金製的鉛筆，就材質方面而言，沒有比它更<br>高級的鉛筆了。推測日本也僅有少數幾支的珍<br>藏品。

---

**272K 棕色 條紋（虎眼紋）　1952～54年　59,000日圓**　　　　【1.18mm】

這款鉛筆是和虎眼紋246鋼筆成套的筆款。宛如虎眼般光亮的木頭年輪紋樣，非<br>常美麗。

**272K 黑色　1949～54年　38,000日圓**　　　　【1.18mm】

刻印的2代表此筆款屬於二線品（普及品），不過鉛筆與奢華版筆款同等級，比<br>起來毫不遜色。

**172L 淡綠色 條紋　1952～58年　68,000日圓**　　　　【1.18mm】

1950年代Masterpiece用的鉛筆。這種泛稱淡綠或亮綠的淺綠色鉛筆，現存數量<br>非常稀少，是珍稀品。

**376 黑色　1958～60年　16,000日圓**　　　　【1.18mm】

與鋼筆332及334成套的普及款鉛筆，筆蓋上刻印著MONTBLANC-PIX-376字<br>樣。6代表1.18mm的意思。

**86 包金　1960～70年　38,000日圓**　　　　【1.18mm】

在1960年起開始製造的二位數筆款中，此筆款屬於高級品之一。8表示包金；6<br>表示筆芯直徑為1.18mm之意。

**15 綠色　1960～70年　33,000日圓**　　　　【0.92mm】

75型號的下一個型號，二位數系列直到此筆款為止均為Masterpiece等級。山形<br>的飾環又稱為主教（Bishop）。

**35 灰色　1961～70年　20,000日圓**　　　　【0.92mm】

發售時便創下驚人銷量的是黑色筆桿，彩色筆桿的銷量則是稍嫌可惜。雖然是普<br>及品，但因現存數量稀少，因此十分珍貴。

**272K 灰色 條紋　1952～54年　58,000日圓**　　　　【1.18mm】

灰色條紋和虎眼紋一樣稀少。272其他還有黑色、虎眼紋；有K字刻印的是短版<br>筆款。

**672K 綠色 條紋　1952～58年　59,000日圓**　　　　【1.18mm】

德國國內並無販售，專門出口的筆款。1950年代的製品中，屬於奢華版的筆<br>款。

**096 Monte Rosa 綠色　1957～60年　14,000日圓**　　　　【1.18mm】

筆款名稱來自於1910年代的副牌Monte Rosa（羅莎峰）。這款鉛筆有黑、灰、<br>酒紅、綠色。

**772 銀色900　1951～54年　108,000日圓**　　　　【1.18mm】

1950年代的銀製品，包含鋼筆在內，數量都非常稀少。筆夾上有900字樣的刻印<br>（純度900 / 1000），是珍稀品。

**75 酒紅色　1960～70年　45,000日圓**　　　　【0.92mm】

比型號86低一階的筆款，不過人氣卻明顯高於86。7代表包金筆蓋；5代表筆芯<br>直徑為0.92mm。

**25 黑色　1960～70年　18,000日圓**　　　　【0.92mm】

在二位數筆款中，此款恰好是屬於中間等級的普及筆款。0.92mm筆芯不會太粗<br>或太細，使用手感非常好，是相當受歡迎的筆款。

**36S 酒紅色　1966～70年　18,000日圓**　　　　【1.18mm】

筆蓋部分為銀色霧面塗層。S來自於德文的Silber，這也是普及筆款之一。

# Pelikan
## Pencil

〔百利金 古董鉛筆〕

百利金的第一支鉛筆在1934年問世，由於僅販售從100、400、500等鋼筆筆款衍生出的鉛筆，種類與萬寶龍相較之下，顯得不多。其中有許多活用賽璐珞色澤圖樣的多彩筆款，特色是按鍵輕盈，方便使用。

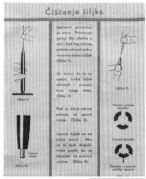

每支自動鉛筆皆裝入如照片所示的外盒中販售，內附使用說明書。當時百利金的外盒設計都是採用黃底風格。

克羅埃西亞語的說明書，上方寫著夾頭位移時的修繕方式，3處間隙必須維持均等，中央洞口需保持圓形。

1959年前後的保證書兼使用說明書，上方有圖解出芯方式、收納方式、橡皮擦使用方法等，連可收納的筆芯數量也有詳細記載。

---

**200 黑色（頂部為紅色）　1934～51年　18,000日圓**　【1.18mm】

200系列的黑色筆桿是在百利金自動鉛筆發售元年，也就是1934年製造。這款的按壓處為稀有的紅色樣式，或許是用來放入紅色筆芯，作為特殊用途的筆款。

**200 綠色／黑色　1937～51年　15,000日圓**　【1.18mm】

200系列在1937年陸續新增彩色筆桿款式，綠色是其中的典型款之一，和黑色筆桿一樣暢銷。

**200 玳瑁紋／紅棕色　1937～51年　35,000日圓**
【1.18mm】

玳瑁紋筆款有使用近似龜甲的棕色貝類製作的產品，也有使用近似名為mother of pearl的珠母貝等材質製作的產品。

**200 玳瑁紋／紅棕色　1937～51年　43,000日圓**　【1.18mm】

照片中的筆雖然也是玳瑁紋，但綠色色澤顯得較為強烈。200系列的備用筆芯是採拆開天冠後裝入的方式。

**650 14K純金／黑色　1951～63年　58,000日圓**　【1.18mm】

這款是最高等級的筆款之一。在當時，全包金筆款570的定價為33馬克，而這款的售價定為其3倍的98馬克。

**570 包金　1950年前後～數年間　68,000日圓**
【1.18mm】

這款是在義大利米蘭工廠組裝製造的珍貴自動鉛筆，位在筆桿中央的筆環上方，刻有代表包金意思的Lam.字樣。

---

**200 灰色／黑色　1937～51年　17,000日圓**　【1.18mm】

這款灰色樣式的大理石紋路，參雜著明顯的黑色條紋，與綠色樣式相比，數量稀少許多。

**200 蜥蜴紋／黑色　1937～42年　55,000日圓**　【1.18mm】

被稱作Lizard的蜥蜴紋樣式中，有色澤偏灰色的產品，也有偏藍色、棕色系等各種不同色澤的產品。

**475 綠色／黑色　1951～57年　33,000日圓**　【1.18mm】

這款是口袋尺寸，作為400系列鋼筆用而製造的筆款，長度為99mm，能藏在手掌心的超小型款式，屬於稀有品。

**750 14K純金　1951～63年　85,000日圓**　【1.18mm】

除了夾頭以外，所有零件皆為14K純金製的奢華款式，所有零件上皆刻有14C585字樣。

Column

## 筆桿按壓式的
## 百利金自動鉛筆

**60 Knickbein 綠色**
**1953～60年**
**48,000日圓**
**【1.18mm】**

名稱來自於特殊的出芯方式，折彎筆桿中央處並推出筆芯的模樣，就像膝蓋彎曲（Knickbein）的樣子，因此得名。操作方式出乎意料地簡單。

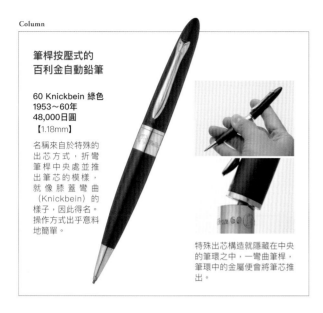

特殊出芯構造就隱藏在中央的筆環之中，一彎曲筆桿，筆環中的金屬便會將筆芯推出。

Column

## EuroBox
## 原創自動鉛筆筆芯

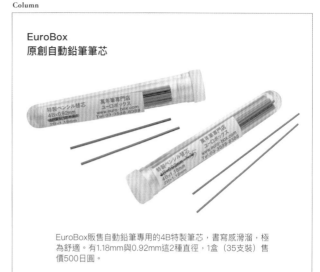

EuroBox販售自動鉛筆專用的4B特製筆芯，書寫感滑溜，極為舒適。有1.18mm與0.92mm這2種直徑，1盒（35支裝）售價500日圓。

---

**550 包金 / 海藻綠　1956年前後　55,000日圓**　　　【1.18mm】

深沉的綠色條紋筆桿是被稱作海藻綠的樣式，鮮少在中古市場現身，人氣相當高，市場行情也高昂。

**450 棕條紋 / 棕色　1950～63年　13,000日圓**　　　【1.18mm】

棕色條紋樣式現今備受注目，因此這款的人氣相當高。筆桿直徑為10mm，偏細。筆芯用盡後，會自動脫落。

**350 綠色大理石 / 黑色　1950～60年　13,000日圓**　　　【1.18mm】

350是1950年代的筆款中最初期的產品，天冠部分是樹脂製。按壓處非常短，沒有附橡皮擦。

**450 綠條紋 / 黑色　1950～63年　20,000日圓**　　　【1.18mm】

這款是至今為止百利金自動鉛筆中最暢銷的筆款之一。按壓處設計為紅色，按鍵輕盈，非常好用，屬於實用性筆款。

**350 淺玳瑁紋　1955～59年前後　98,000日圓**
【1.18mm】

這款是輸出葡萄牙的產品，刻有350與Emege字樣。沒有在任何資料上留下記錄，也未保存在百利金資料庫中的夢幻珍品。

**570 包金　1955～63年　45,000日圓**　　　【1.18mm】

所有零件皆以包金方式製作，整支筆桿為一體成型。筆桿刻有大麥紋，屬於奢華款式。

**450 透明　1960年前後　30,000日圓**　　　【1.18mm】

這款或許是在販售店鋪推銷用的產品，或是作為一般販售的產品，但生產數量相當稀少。屬於稀有品。

**550 包金 / 棕條紋　1950～57年　33,000日圓**　　　【1.18mm】

筆桿上半部是包金材質，下半部搭配棕色條紋樣式。照片中的筆，由筆芯收納處等部分的設計來看，可判斷是1955年以後製造的產品。

**450 灰色 / 黑色　1951～61年　18,000日圓**　　　【1.18mm】

這款的製造期間約有10年，現存數量卻相當稀少。拔開按壓處會出現金屬套子，拆開套子後，內部有收納橡皮擦。

**450 綠條紋 / 綠色　1951～60年　14,000日圓**　　　【1.18mm】

綠色條紋搭配橄欖綠的這個筆款，製造期間約有10年，現存數量卻相當稀少，屬於超稀有款式。

**450 棕條紋 / 棕色　1950～63年　13,000日圓**　　　【1.18mm】

販售期間為14年，是這系列的自動鉛筆之中銷售時間最長的筆款。按壓處的設計簡單，沒有附橡皮擦，屬於初期型款式。

**550 包金 / 綠色　1959～63年　22,000日圓**　　　【1.18mm】

筆桿偏細，顏色為無圖樣的綠色，按壓處有附橡皮擦，由此可知這款為1959年之後製造的後期型款式。

**D15 不鏽鋼 / 藍色　1961～63年　12,000日圓**　　　【1.18mm】

這款是P15鋼筆用的自動鉛筆，從1961年開始製造。筆桿偏細，內附橡皮擦。筆芯收納處的蓋子部分有附針頭。

# 古董鋼筆的收納

井井有條收納的鋼筆

美輪美奐的收納用具

可以為桌面增添優雅風格

也可以滿足隨身攜帶大量筆款的願望

本單元精選同時具有保護功能

又能襯托鋼筆魅力的收納用品

※ 本書所介紹之產品，部分商品為報導當時限定品，價格或庫存可能變動，請讀者選購前先向店家確認。

※ 收錄單元皆引用自《趣味の文具箱》雜誌內容。

# 構思理想的文具收納及書房配置

擁有個人書房，美觀地收納自己蒐藏的文具，是一種夢想。本單元介紹不必大興土木改裝房子，也能實現夢想的好方法。

對於喜好文具的人來說，「不斷增加的文具該怎麼收納」，是一個很大的煩惱。我們也不時耳聞，有人說他的書房簡直是置物間，除了平常用的鋼筆以外，其他都收放在抽屜深處。

能讓人感受品牌精髓的精湛設計、充滿格調的功能美的鋼筆，讓這些收藏品躺在抽屜深處沉睡，實在太可惜了。就好像名畫要有相配的畫框襯托一樣，自豪的鋼筆也需要適合的安身之處。在書房裏放置市售的收納箱當然不錯，不過，何不安置在放鬆心情休息時，可以欣賞收藏品，又可以向客人展示的場所呢？對，就是起居室。

推薦能夠搭配任何裝潢，由「GALLERY收納」公司推出，配備托盤的系統收納櫃。一個托盤可放置15支鋼筆，托盤的種類、抽屜的數量、櫃子的顏色都可以自由選擇，是能夠因應任何需求的文具收納家具。

撰文／大森菜央　攝影／北郷仁　報導年份：2014年12月　136

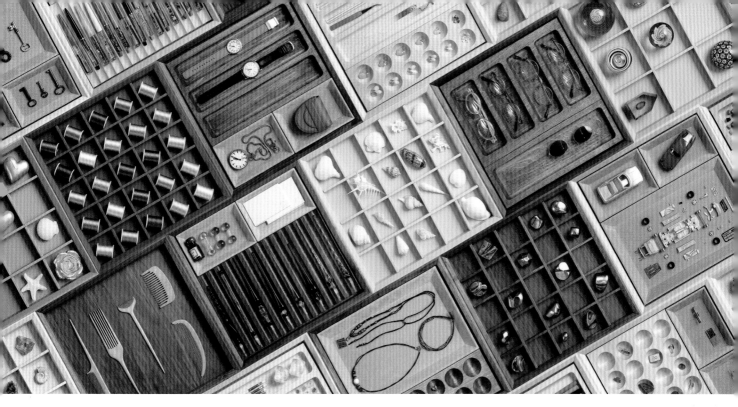

在GALLERY收納公司的收藏BOX「B系列」中，
可以挑選的托盤形式

包括能收納15支鋼筆的形式在內，共有8種托盤、6種可移動隔板，採購時可以自由決定櫃子的形狀與
顏色等，多采多姿的組合任君挑選。

# 美觀地安置
# 各種鋼筆收藏

終於找到滿足個人願望的收納家具，讓自豪
的鋼筆可以美觀地排列在一起。一打開抽
屜，就是整排的鋼筆。向客人展現收藏品
時，也顯得格外俐落大方。

托盤又分成無蓋、附玻璃蓋、正面及側
面有玻璃蓋3種選擇。材質有胡桃木和
楓木2種可選。

櫃子的顏色共有16種。挑選中意的零件，
就可以完成符合個人喜好的收納家具。

抽屜、托盤、門板等，各種收納
零件都能客製化。照片中的產品
售價128,900日圓。

---

## GALLERY收納 銀座

GALLERY收納的收納家具可以組合各種零組件，配合整
體空間自由設計造型。和訂製家具不同，這些產品的特徵
是容易搬移或添購、改組。銀座店是GALLERY收納公司
的旗艦店，展示多種生活收納家具。

東京都中央区銀座5-12-5 白鶴ビル1F
TEL：03-3524-0811
營業時間：11:30～19:00、
週日、例假：11:30～18:00
公休日：無
http://galleryshuno.co.jp/

收納規劃師會熱心提供諮商服務。如果有能協
助瞭解房屋規格的藍圖，可以提供更具體的建
議。雖然不是絕對必要，但建議事前預約諮商
時間。

展示起居室、餐廳、兒童房、衣櫥等各種收納
實例。商品種類繁多，歡迎向店員諮詢。

1 裝設時不需要大興土木。傢俱也不一定要固定在地面或牆面，因此出租公寓也沒問題。搬家時廠商會協助解體、組裝。產品堅固又具有防震性能。照片中的企劃案定價721,700日圓（含選購配件，不含運費）。 2 桌面寬度和抽屜數量、書櫃高度、寬度、深度、隔板數量、放置位置等，都可以與廠商討論決定。 3 文件櫃是選購配備（3,000日圓／5片）。 4 放置印表機的底板是活動式。也可以選擇抽屜的門板和種類。

### 方便的移動式隔板

書櫃和固定書架的隔板可以安裝移動式隔板（1片1,000日圓〜）。移動式隔板能以上下60mm、左右50mm的間隔移動，也可以追加數量。

在文具環繞下
夢想的祕密基地

# 一坪書房

能夠一個人靜靜度過時光的書房，就像是祕密基地一樣。不需要寬廣的空間，反而是小一點的地方有一種「蝸居」感，窩起來更舒適。GALLERY收納的「一坪書齋」企劃，備齊了書房該有的要素。寬廣的桌面，可以收納文具和書籍的空間、印表機的位置等，還有「抽屜多一點」、「書櫃大一點」等各種要求，只要提出來討論，都可以提供符合需求的企劃。只要在客廳的一個小角落就能建構書房空間，讓任何人都能擁有夢想中的書房。

# 有格調的鋼筆收納

井井有條收納的鋼筆，美輪美奐的收納用具，可以為桌面增添優雅風格。來選擇能保護鋼筆，又能襯托魅力的鋼筆收納方式吧。

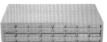

16支

## Wancher百味筆笥

筆櫃產品的靈感來自於江戶時代末期的藥舖裡，一次要儲存上百種藥材的藥（百味）櫃。具有防潮、防菌、抗腐蝕特性的桐木，適合收納鋼筆，能夠一支一支地保護好貴重的鋼筆。

約293W×68H×187Dmm，重量約700g，32,400日圓（含稅）

抽屜的大小正適合放置鋼筆。全長165mm，足以輕易地收藏、取出M800號之類的大型鋼筆。

8支

## Pent 優雅

每一支筆都有充裕的儲存空間，能悠閒地賞玩愛用鋼筆的收納用具。具有光澤的木紋外框，帶有和緩曲線和透明感的上蓋，充滿高貴質感的絨皮風格襯底，給鋼筆蒐藏添增了沉著穩重的風格。

約283W×70H×250Dmm，重量約1230g，21,600日圓（含稅）

寬度283mm的盒子裡只容納8支鋼筆的寬裕空間。絨皮風格的襯底布料使得鋼筆之間有充裕的間隔，反而更能襯托蒐藏品的外觀。

15支

## 九善 森林樂鋼筆托盤

這是可以容納15支鋼筆的托盤。容量大，但每支筆之間都有明確的區隔，可以整齊地排列鋼筆。產品預設為無蓋，便於隨時取用與收納，也方便放入抽屜內使用。也可以將2個托盤疊在一起使用。

約300W×30H×200Dmm，重量約490g，6,264日圓（含稅）

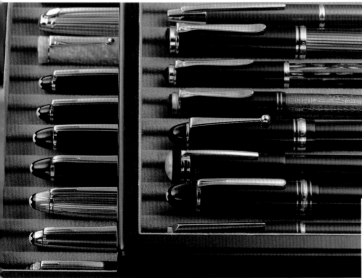

另外推出有蓋版本。可以在桌面上放置有蓋托盤，將無蓋托盤當成抽屜內的整理用具使用。8,640日圓（含稅）

能襯托鋼筆美感又價格合理的產品系列

# 作品陸續登場！豐岡工藝的木製筆箱

以丸善「森林樂」系列為大家熟知的豐岡工藝，近年又推出了原創收納用具的新產品。以下介紹的是適合收納、保管書寫用具的木箱。

托盤側面貼有布料。不但具有極佳的保護效果，也塑造了高雅的姿態，充滿魅力。

使用靜岡縣座天龍檜木稀有的根部木材。

檜木 黑

**豐岡工藝**
**鋼筆箱 40支裝**
使用稀有檜木材的木箱。4層結構可以收納40支書寫用具。抽屜也可以單獨取出，當成筆擱使用。是作工精緻，豪奢的一款產品。

約248W×153H×200Dmm．30,240日圓（含稅）

檜木

加一點預算
更上一
層樓！

## 筆擱展示櫃

4萬日圓左右可以買到附有對開式壓克力門扉的櫃子。4層抽屜可以選購分開販售的各種托盤。除了筆擱之外，也適合收納手錶或裝飾品等物品。也可直接選購錶櫃。

約326W×310H×300Dmm · 43,200日圓（含稅）

## 附浪形板文具盒

簡明的單一抽屜式新產品。盒子上方可以放置便條紙或零碎物品。抽屜底部是有和緩凹凸變化的「浪形板」款式，可以收納6支書寫用具。

約248W×54H×160Dmm · 8,100日圓（含稅）

檜木 BB
（黑＆黑）

檜木 BW
（黑＆白）

## 筆擱 檜木 黑

將暢銷的筆擱改以稀有檜木製作的新產品。可以收納15支書寫用具。同款筆擱可以堆疊，能隨各人喜好累積收藏。

約300W×29H×200Dmm · 7,020日圓（含稅）

檜木 黑

使用檜木材的常態款式。
5,400日圓（含稅）

## 鋼筆箱

豐岡工藝的暢銷商品。可以收納20支書寫用具。有深度的下層抽屜內部附有隔板，方便收納墨水瓶及相關用品。浪形板筆擱可以抽出單獨使用。

約248W×160H×202Dmm · 17,820日圓（含稅）

## 鋼筆盒

2層式的木盒。上層設有能收納5支書寫用具的間隔，以及收納吸墨器等零碎物品的空間。下層完全平鋪，除了書寫用具之外，也可以自由收納各種桌面文具。

約247W×62H×102Dmm · 7,560日圓（含稅）

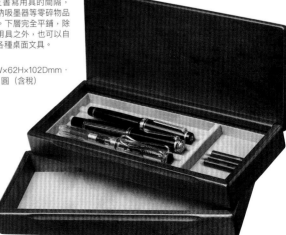

檜木

檜木

NAGASAWA BUNGU CENTER

## PenStyle 10支裝
## 小牛皮 捲式筆袋

精選柔軟的小牛皮（Kip Leather）製作而成的筆袋，觸感溫潤柔滑，宛如吸附於手。筆袋上方無遮蓋，能方便取出筆。MONTBLANC 146及Pelican M1000等筆桿偏粗的鋼筆，也能服貼放進筆袋。

約330×158mm·
重量90g·16,200日圓（含稅）

**10**
支

筆袋內側使用愛克塞納品牌（Ecsaine）的皮革製作，筆袋上方製成開放的樣式，方便取出筆。

也能將筆袋在桌上展開來，當作筆盤使用。柔軟的皮革化身為緩衝墊，溫柔地保護筆。

約158mm

約330mm

## 就是想隨身攜帶多支筆！

# 大容量筆袋

手帳用的F尖、寫信用的M尖、B尖等，依不同用途，使用的鋼筆或筆類也不同，因此難以抉擇外出時要帶哪幾支筆。那麼，乾脆將手邊的筆全部都帶出門吧。本單元精選同時具有保護功能及高級質感的筆袋。

撰文／山本怜央（編輯部）　攝影／木村真一、北鄉仁

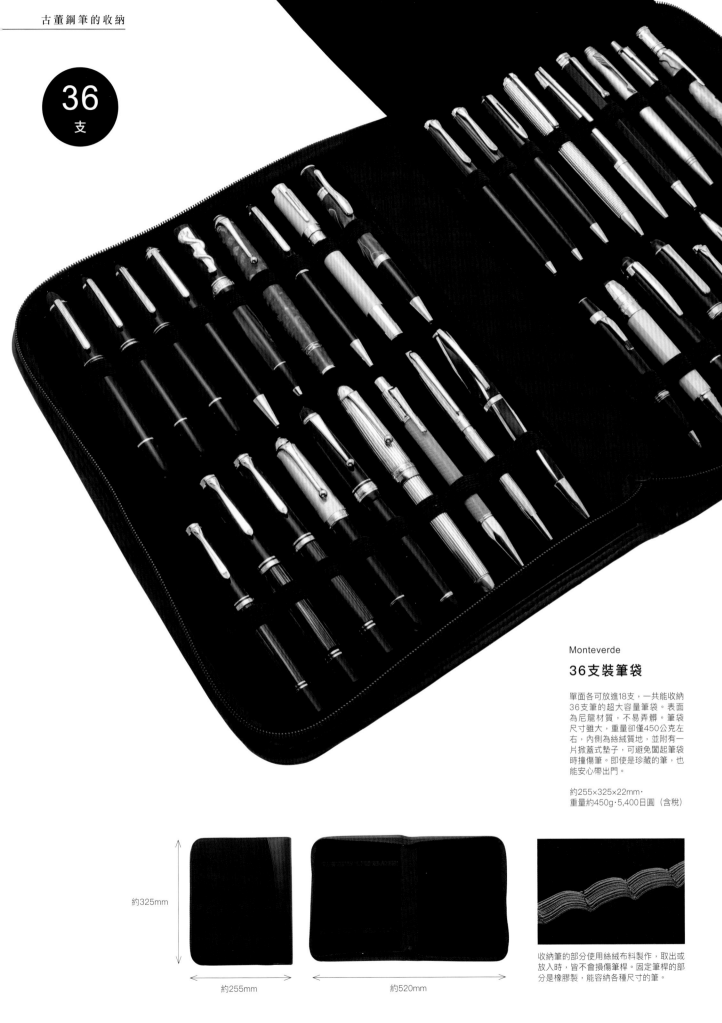

**36**
支

Monteverde

## 36支裝筆袋

單面各可放進18支,一共能收納
36支筆的超大容量筆袋。表面
為尼龍材質,不易弄髒。筆袋
尺寸雖大,重量卻僅450公克左
右,內側為絲絨質地,並附有一
片掀蓋式墊子,可避免闔起筆袋
時撞傷筆。即使是珍藏的筆,也
能安心帶出門。

約255×325×22mm·
重量約450g·5,400日圓(含稅)

約325mm

約255mm

約520mm

收納筆的部分使用絲絨布料製作,取出或
放入時,皆不會損傷筆桿。固定筆桿的部
分是橡膠製,能容納各種尺寸的筆。

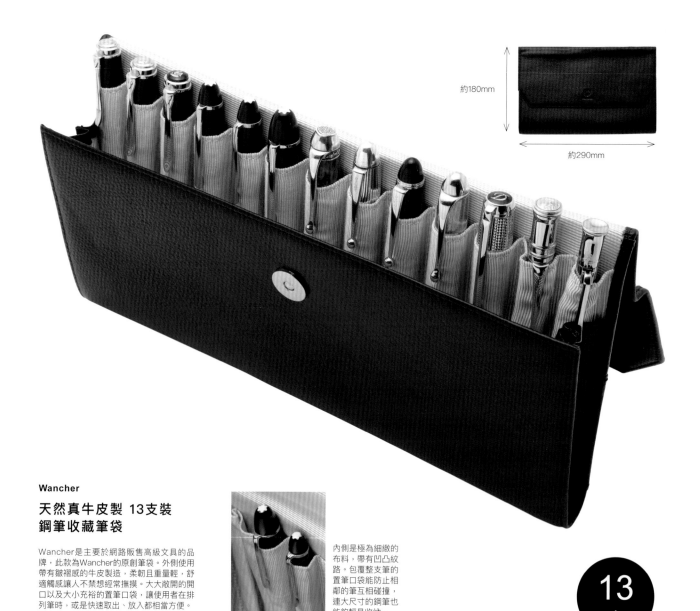

約180mm

約290mm

**Wancher**

## 天然真牛皮製 13支裝
## 鋼筆收藏筆袋

Wancher是主要於網路販售高級文具的品
牌,此款為Wancher的原創筆袋。外側使用
帶有皺褶感的牛皮製造,柔韌且重量輕,舒
適觸感讓人不禁想經常撫摸。大大敞開的開
口以及大小充裕的置筆口袋,讓使用者在排
列筆時,或是快速取出、放入都相當方便。

內側是極為細緻的
布料,帶有凹凸紋
路。包覆整支筆的
置筆口袋能防止相
鄰的筆互相碰撞,
連大尺寸的鋼筆也
能夠輕易收納。

**13**
**支**

約290×180×23mm·重量280g·
19,440日圓(含稅)

---

**NAGASAWA BUNGU CENTER**

## PenStyle 5支裝 小牛皮 捲式筆袋

此款筆袋使用方便捲起的皮革製
作,內側是有如麂皮的人工皮革,
質感細滑,取出或放入筆時,能順
便清潔筆桿。

約170×158mm·重量50g·
9,720日圓(含稅)

約158mm

約170mm

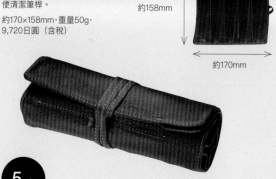

**5**
**支**

4～6支裝筆袋,帶喜愛的筆出門

**中屋鋼筆**

## 鋼筆筆袋 西陣5支裝 金地

手工製造的筆袋,外側為京都的西陣織,內側
使用質地柔軟的布料製作,溫柔保護筆桿。讓
人想將特別的筆裝進這華麗的筆袋隨身攜帶。

約330×290mm·10,800日圓(含稅)

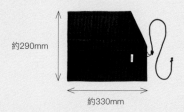

約290mm

約330mm

**5**
**支**

洽詢:NAGASAWA PenStyle DEN TEL 078-321-3333 / 中屋鋼筆 http://www.nakaya.org / Wancher(Hunny Hunt) TEL 0978-24-0095

## Pelikan

### TGX-20

外側、內側皆使用皮革製作，同時具有便利性及高級質感。相鄰的筆之間有充裕間隔，能防止筆互相碰撞。

約170×210×48mm·重量303g·27,000日圓（含稅）

內側與筆的固定環套皆使用良好的皮革製作，皮革越使用越柔軟，越能服貼筆桿。

**20**
支

約210mm

約170mm

**10**
支

## MAGGIORE

### 捲式筆袋

MAGGIORE是義大利語的極致之意。由日本皮革工匠使用小牛皮製作的筆袋，拿在手中令人開心。

約395×255mm·重量約130g·21,600日圓（含稅）

約255mm

約395mm

將筆裝進去後，捲起來攜帶。高級質地的牛皮，觸感相當舒適。

## 工房楔

### Conplotto-4 (Quattro) Mini

此款筆盒使用名為「刳物」的技法，將木塊挖空、削出形體製作而成，能感受到木頭的存在感及厚重份量。表面光滑，觸感滑溜十分舒服。

約109×155×34mm·約235g·木瓜海棠帶狀木紋·75,000日圓（含稅）

**4**支

約155mm

約109mm

筆盒的設計特色在於側邊和緩的曲線，這是為了在開啟筆盒時，保護手不會被夾住。

## MAGGIORE

### 捲式筆袋
### 6支裝

外側皮革共有7種顏色可供選擇，內側部分也隨外側搭配不同色彩，無懈可擊。色彩鮮豔的筆袋能吸引他人目光，展現自我風格。

約235×250mm·重量約70g·14,040日圓（含稅）

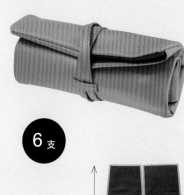

**6**支

約235mm

約250mm

**特別收錄**

# 經典鋼筆墨水圖鑑

各品牌發售的鋼筆墨水

顏色、數量及色澤皆不相同

從色澤、筆跡、粗細、濃淡以及暈染效果

來徹底檢視各品牌的經典鋼筆墨水吧

※ 本書所介紹之產品，部分商品為報導當時限定品或現今已經改版，價格或庫存可能變動，請讀者選購前先向店家確認。

※ 本書刊載的墨水顏色可能因為經過書寫後印刷或翻拍等原因，而與原本墨水顏色有所差異。

※ 收錄單元皆引用自《趣味の文具箱》雜誌內容。

# 往年知名墨水的顏色

在新色陸續問世的同時，有些墨水悄悄地消失了。以下要搭配實際試色結果，介紹5款使用者眾多、令人深感懷念的墨水顏色。一起來賞玩知名墨水的風味吧。

## MONTBLANC 國王藍

這款墨水的名稱，還有萬寶龍傳統的皮鞋造型墨水瓶，至今依舊廣受使用者喜愛。可以說這是許多使用者至今依舊愛用，恢復生產要求聲浪最高的一款墨水了。深邃美麗的正統藍色十分地美觀。

市售的類似顏色墨水

 MONTBLANC 永恆藍

 PILOT 色彩雫 紫陽花

 NAGASAWA Kobe INK物語 須磨海濱藍

## MONTBLANC 英國賽車綠

在眾人惋惜之下停產的萬寶龍綠色墨水。色澤沉穩深邃，在不同的字幅和筆尖墨流之下，色調會有微妙的變化。應該有很多鋼筆愛好者在聽到停產的消息後，匆忙地大批採購囤在家中的冰箱裡。

市售的類似顏色墨水

 ROHRER & KLINGNER 筆記墨水老金綠

 NAGASAWA Kobe INK物語 鉢伏Silhouette綠

## MONTBLANC 情書墨水

2005年發售，帶有薔薇香氣的限定款墨水。以巧妙的配方重現在陽光下顯得帶黃色調的鮮豔紅色，在夜間看來則是暗紅色的薔薇花瓣色調。當時有許多愛好鋼筆的人爭相購買這款墨水。

市售的類似顏色墨水

 Diamine 筆記墨水Syrah

 J. Herbin 紀念墨水1670 Carmine

 CARAN D'ACHE 有機棕

## Stipula 卡其

不是綠色也不是茶色，只能用「卡其」來形容的絕妙色彩。Stipula是在翡冷翠以保存傳統文化出名的鋼筆廠商。從墨水的顏色也可看出他們對於商品製作的坦率態度。

市售的類似顏色墨水

 Diamine 筆記墨水Safari

 ROHRER & KLINGNER 檔案墨水棕

 PILOT 色彩雫 稻穗

## PARKER 快速紅

快速系列是具有快乾性的優越墨水。據說往年以鋼筆寫作的作家桌上，常常會有一瓶快速墨水。快速紅的墨水是色調穩重的深紅色，由於價格相對廉價，便於一般使用者選購。

市售的類似顏色墨水

 WATERMAN 紅

 DELTA 紅

 ROHRER & KLINGNER 筆記墨水桑葚紅

# 各品牌鋼筆瓶裝墨水圖鑑

各品牌發售的鋼筆墨水，顏色數量及色澤皆不相同。這次要介紹的是推出多種墨水顏色的主要文具品牌，實際使用各家暢銷的瓶裝墨水書寫範例。鋼筆墨水會依字體粗細度呈現不同色澤及暈染等效果，來挑選喜愛的墨水韻味吧。

**書寫線條的圖像說明**

每個圖像各使用1種顏色的墨水書寫，細線條部分是使用幾何圖形作畫工具的萬花尺繪製，然後用B尖鋼筆及水筆表現色澤變化。※用鋼筆沿著萬花尺作畫有損傷筆尖的風險，請自行評估後再進行，恕本誌不負相關責任。

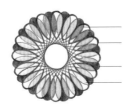

— 細線條：使用寫樂 透明感（筆尖：MF）書寫
— 粗線條：使用LAMY 狩獵系列（筆尖：B）沿著線條書寫
— 深色處：使用書寫細線條的寫樂 透明感（筆尖：MF）塗色
— 淡色處：使用吳竹製的水筆，用水慢慢暈染淡化顏色

# MONTBLANC

【萬寶龍】

萬寶龍推出的瓶裝墨水，一直以來都是做成獨具特色的鞋子形狀，當瓶內墨水只剩一些時，會積聚在鞋跟處，方便使用者吸取墨水。基本款的染料墨水有推出9種沉穩的顏色，另外，耐久性極佳的Permanent Ink也有推出2種顏色。

※各標示墨水顏色、規格、包裝與價格等為2016年12月之報導資訊，現今可能已有所不同，購買前請先與店家確認。

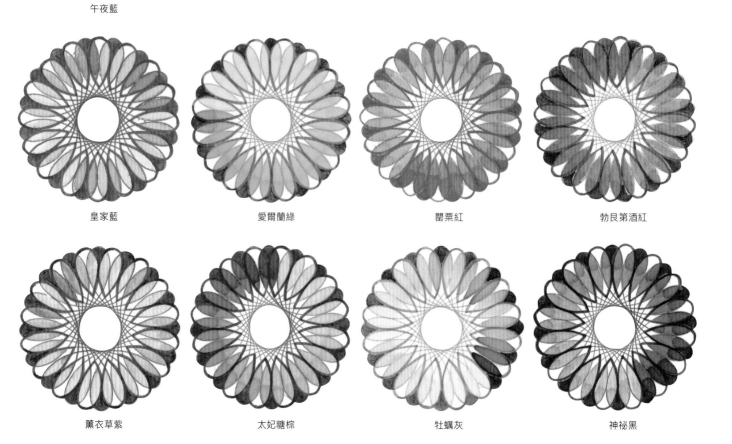

🔺 60ml・9色・1,944日圓（含稅）
瓶身尺寸：約90W×63H×36Dmm
外盒尺寸：約120W×69H×60Dmm

午夜藍

皇家藍　　　　愛爾蘭綠　　　　罌粟紅　　　　勃艮第酒紅

薰衣草紫　　　　太妃糖棕　　　　牡蠣灰　　　　神祕黑

永恆藍　　　　永恆黑

🔺顏料 **Permanent Ink**

🔵 60ml・2色・3,240日圓（含稅）
瓶身尺寸：約90W×63H×36Dmm
外盒尺寸：約120W×69H×60Dmm

● 62.5ml・8色・1,080日圓（含稅）
瓶身尺寸：約70W×64H×39.5Dmm
外盒尺寸：約76W×68H×38Dmm

# Pelikan

【百利金】

Pelikan的瓶裝墨水可區分成兩大種類，一種是承繼公司創業以來的型號「4001」的基本款墨水，另一種是以寶石名稱命名的Edelstein Ink。4001一共推出8種顏色，其中綠色墨水已在2016年春天換成新款的墨綠色墨水。

※各標示墨水顏色、規格、包裝與價格等為2016年12月之報導資訊，現今可能已有所不同，購買前請先與店家確認。

藍黑

皇家藍

綠松石藍

墨綠　　　　　　紅　　　　　　紫羅蘭　　　　　　棕　　　　　　黑

坦桑石藍

藍寶石

### Edelstein 逸彩系列

● 50 ml・8色・2,700日圓（含稅）
瓶身尺寸：約74W×65H×39Dmm
外盒尺寸：約85W×75H×50Dmm

### Highlighter
（DUO專用墨水）

● 30 ml・2色・1,080日圓（含稅）
瓶身尺寸：約57W×56H×35Dmm
外盒尺寸：約60W×60H×37Dmm

黃晶藍

翡翠綠

沙金石綠

螢光綠

柑橘黃

紅寶石

瑪瑙黑

螢光黃

# CARAN D'ACHE
【卡達】

磁性藍

詩歌藍

正統墨水「Chromatics INKredible Colours」一共有12種顏色，於2014年推出新版款式，也就是目前販售的墨水瓶造型及顏色種類。墨水的鮮明色澤，可說是擁有經年累月畫具開發經驗的廠商，才能製作出來的獨特色彩。

⬆
50 ml．12色．4,320日圓（含稅）
瓶身尺寸：
約58W×78.5H×52.5Dmm
外盒尺寸：
約69.5W× 92.5H×60.5Dmm

※各標示墨水顏色、規格、包裝與價格等為2016年12月之報導資訊，現今可能已有所不同，購買前請先與店家確認。

碧綠藍

鮮明綠

雅緻綠

鮮桔

紅

神祕桃紅

紫

有機棕

極致灰

宇宙黑

# DELTA

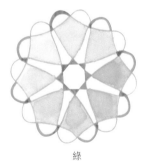
藍

綠

⬆
30 ml．6色．1,944日圓（含稅）
瓶身尺寸：約55W×55H×35.5Dmm
外盒尺寸：約57W×60H×36Dmm

色澤明亮是DELTA墨水的特色，極具義大利品牌的風格。其中黃色墨水的飽和度極高，接近螢光色，因此也適合用來標記或強調文字。

※各標示墨水顏色、規格、包裝與價格等為2016年12月之報導資訊，現今可能已有所不同，購買前請先與店家確認。

黃

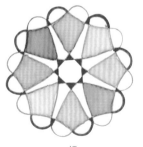
紅

復古褐

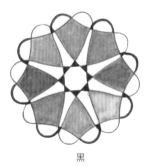
黑

# GRAF VON FABER-CASTELL

【輝柏伯爵典藏系列】

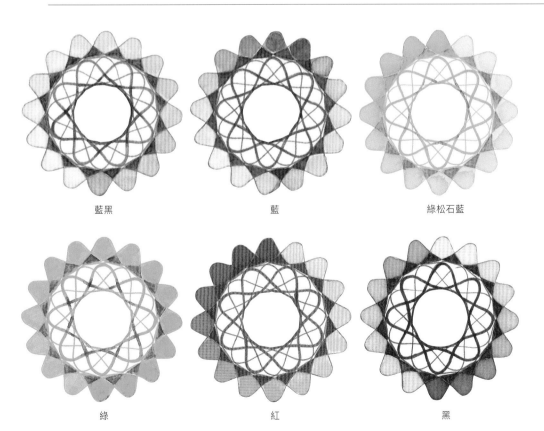

75ml・10色・3,888日圓
（含稅）
瓶身尺寸： 約83.5Wx
74.5Hx40Dmm
外盒尺寸：約95Wx
85Hx52Dmm

午夜藍

鈷藍

皇家藍

深海綠

青苔綠

石榴紅

紫羅蘭

榛果棕

岩石灰

碳素黑

輝柏伯爵典藏系列的瓶裝墨水曾於2013年12月改版，換成目前販售的新版款式，並在2016年1月新推出3種藍色系墨水，10月時為了紀念輝柏伯爵典藏系列創業255週年，推出紫羅蘭色墨水，因此增加為10種顏色。

※各標示墨水顏色、規格、包裝與價格等為2016年12月之報導資訊，現今可能已有所不同，購買前請先與店家確認。

# LAMY

藍黑

藍

綠松石藍

綠

紅

黑

LAMY的瓶裝墨水，外觀及性能都充滿LAMY風格。墨水瓶底部有能積聚墨水的設計，即使墨水減少也能方便吸取，瓶身下半部還內置了可抽取的吸墨紙。此外，與限定鋼筆一同販售的限定墨水也相當受歡迎。

※各標示墨水顏色、規格、包裝與價格等為2016年12月之報導資訊，現今可能已有所不同，購買前請先與店家確認。

50 ml・6色・1,404日圓（含稅）
瓶身尺寸：
72.5W×61.5H×72.5Dmm
外盒尺寸：
約72W×66H×71Dmm

● 50ml·8色·1,296日圓（含稅）
瓶身尺寸：約64W×65H×38Dmm
外盒尺寸：約67W×70H×42Dmm

# WATERMAN
【水人】

水人的瓶裝墨水以鮮明的色澤備受好評，2012年時曾將墨水瓶外盒及藍色系5種顏色的墨水名稱換新成為8種顏色。墨水瓶設計成六角形的形狀，能夠斜放，即使墨水減少也方便吸取。

※各標示墨水顏色、規格、包裝與價格等為2016年12月之報導資訊，現今可能已有所不同，購買前請先與店家確認。

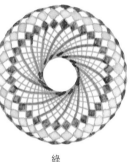
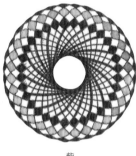

藍黑　　　　　　靜謐藍　　　　　　土耳其藍

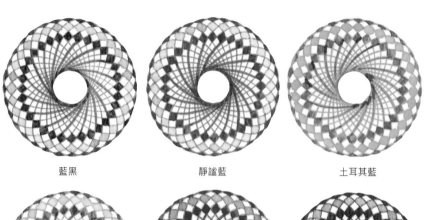

綠　　　　紅　　　　紫　　　　棕　　　　黑

● 60ml·7色·2970日圓（含稅）
瓶身尺寸：約62W×72H×62Dmm
外盒尺寸：約66W×86H×65Dmm

# VISCONTI

VISCONTI的墨水和其色彩鮮艷的鋼筆筆桿一樣，有7種鮮明的顏色，墨水瓶身設計宛如玻璃杯，尾端□窄的形狀極具特色。客將保護墨水瓶的透明外盒倒放，並將墨水瓶固定至上方，便能更加方便吸取墨水。

※各標示墨水顏色、規格、包裝與價格等為2016年12月之報導資訊，現今可能已有所不同，購買前請先與店家確認。

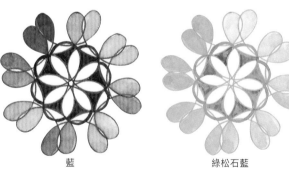

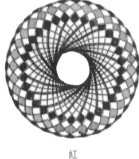

藍　　　　　　綠松石藍　　　　　　綠

紅　　　　　紫　　　　　復古褐　　　　　黑

# Kaweco

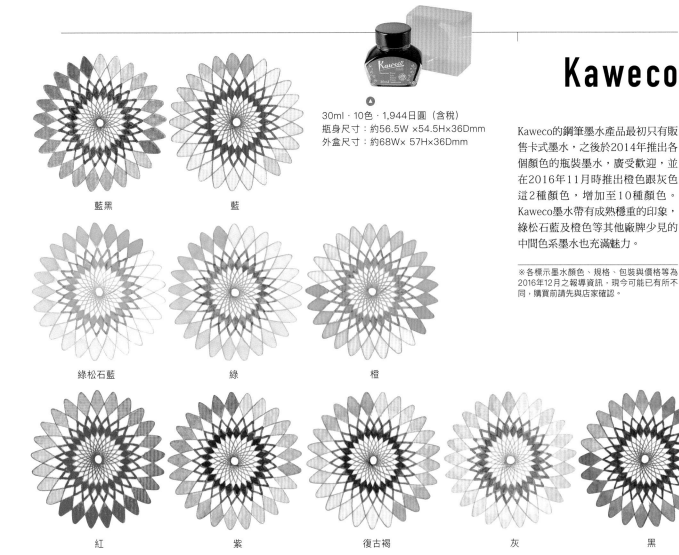

30ml · 10色 · 1,944日圓（含稅）
瓶身尺寸：約56.5W ×54.5H×36Dmm
外盒尺寸：約68W× 57H×36Dmm

Kaweco的鋼筆墨水產品最初只有販售卡式墨水，之後於2014年推出各個顏色的瓶裝墨水，廣受歡迎，並在2016年11月時推出橙色跟灰色這2種顏色，增加至10種顏色。Kaweco墨水帶有成熟穩重的印象，綠松石藍及橙色等其他廠牌少見的中間色系墨水也充滿魅力。

※各標示墨水顏色、規格、包裝與價格等為2016年12月之報導資訊，現今可能已有所不同，購買前請先與店家確認。

藍黑　　　　　　藍

綠松石藍　　　　綠　　　　　　橙

紅　　　　紫　　　　復古褐　　　　灰　　　　黑

# ONLINE

15ml · 6色 · 864日圓（含稅）
瓶身尺寸：42.5W×43H×28.5Dmm
外盒尺寸：約45W×49H×29Dmm

Online的產品於2016年初開始正式在日本販售，其瓶裝墨水也大受矚目，一共有6種淡雅的顏色。瓶裝墨水為15ml迷你容量，使用上較無負擔，瓶身標籤的樣式會依顏色有所不同，也是魅力之一。

※各標示墨水顏色、規格、包裝與價格等為2016年12月之報導資訊，現今可能已有所不同，購買前請先與店家確認。

皇家藍

祖母綠　　　紅寶石　　　紫丁香　　　棕　　　黑

# PILOT
【百樂】

百樂的瓶裝墨水可分成基本款及色彩雫2大系列，皆為染料墨水。基本款墨水共有4種顏色，色澤較為樸素，其中黑色與藍黑色有販售30ml、70ml、350ml三種容量。色彩雫系列是以日本的優美大自然及風景為主題製作，共有24種豐富的墨水顏色，美妙色澤大受歡迎。

※各標示墨水顏色、規格、包裝與價格等為2016年12月之報導資訊，現今可能已有所不同，購買前請先與店家確認。

◀
30ml・4色・432日圓（含稅）
瓶身尺寸：
約51W× 47H×37Dmm
外盒尺寸：
約53W× 50H×40Dmm

藍黑　　　　　　　　　藍

紅　　　　　　　　　黑

## iroshizuku 色彩雫

◀
50 ml・24色・1,620日圓（含稅）
瓶身尺寸：
約86W× 82H×36.5Dmm
外盒尺寸：
約88W× 97H×38Dmm

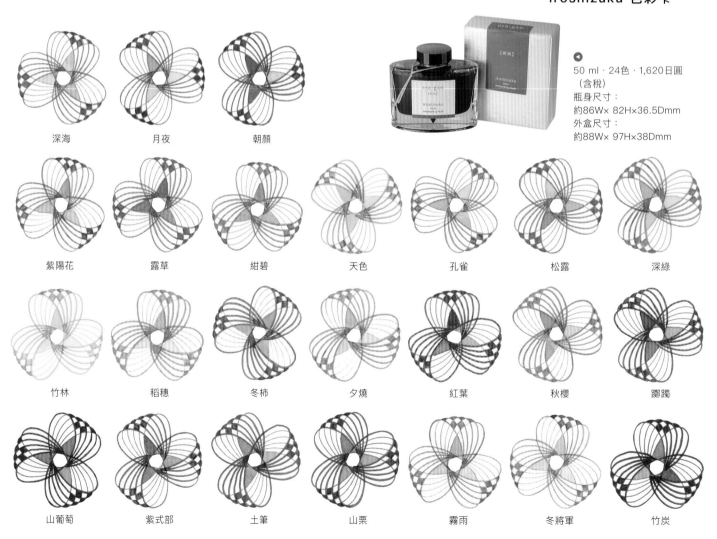

深海　　　　月夜　　　　朝顏

紫陽花　　露草　　紺碧　　天色　　孔雀　　松露　　深綠

竹林　　稻穗　　冬柿　　夕燒　　紅葉　　秋櫻　　躑躅

山葡萄　　紫式部　　土筆　　山栗　　霧雨　　冬將軍　　竹炭

▶ 60ml · 3色 · 1,296日圓（含稅）
瓶身尺寸：約55W×62.5H×55Dmm
外盒尺寸：約56.5W×63H×56Dmm

# PLATINUM
【白金牌】

白金牌有3種各具不同特色的瓶裝墨水系列，正統墨水有3種顏色，其中藍黑色墨水現今仍以傳統方式製造，而超微粒子的顏料墨水具有良好的耐水性及耐光性，色澤鮮明，可混色墨水則是可調色墨水，能混合調配出屬於自己原創的色彩。

※各標示墨水顏色、規格、包裝與價格等為2016年12月之報導資訊，現今可能已有所不同，購買前請先與店家確認。

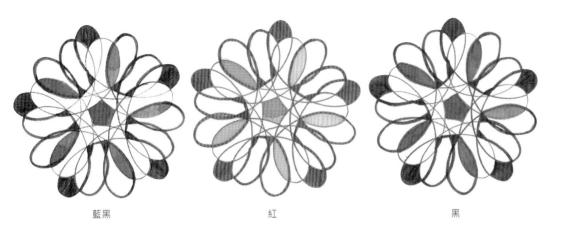

藍黑 　　　　 紅 　　　　 黑

## 顏料墨水  顏料

▲
60ml · 4色 · 1,620日圓（含稅）
瓶身尺寸：約55W×62.5H×55Dmm
外盒尺寸：約56.5W×63H×56Dmm

藍 　　　 玫瑰紅 　　　 復古褐 　　　 黑

## Mixable Ink 可混色墨水

極光藍 　　　 水藍 　　　 葉綠 　　　 陽光黃

▲
60ml · 9色 · 1,296日圓（含稅）
瓶身尺寸：
約55W×62.5H ×55Dmm
外盒尺寸：
約56W× 63H×55Dmm

    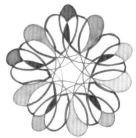

火紅 　　　 仙客來粉紅 　　　 絲綢紫 　　　 土棕 　　　 煙霧黑

## Jentle Ink

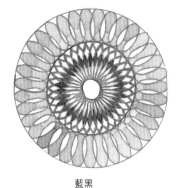

● 50ml · 3色 · 1,080日圓（含稅）
瓶身尺寸：約65.5W×50H×65.5Dmm
外盒尺寸：約66W×52H×66Dmm

# SAILOR
【寫樂】

寫樂的瓶裝墨水可分成染料墨水及顏料墨水，各有2種系列產品。顏料墨水於2015年推出多色顏料墨水STORiA系列，染料墨水則有Jentle Ink四季彩系列，以日本的花鳥風月為主題製作，推出16種顏色。

※各標示墨水顏色、規格、包裝與價格等為2016年12月之報導資訊，現今可能已有所不同，購買請先與店家確認。

藍黑

藍

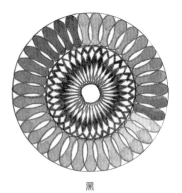
黑

### 顏料墨水

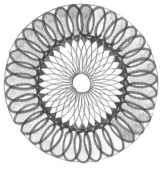

● 50ml · 2色 · 2,160日圓（含稅）
瓶身尺寸：約65.5W×50H×65.5Dmm
外盒尺寸：約66W×52H×66Dmm

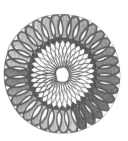
青墨 　　　　極黑

### 顏料 顏料墨水 STORiA

● 30ml · 8色 · 1,620日圓（含稅）
瓶身尺寸：約54.5W×51H×54.5Dmm
外盒尺寸：約72W×60H×72Dmm

夜晚

氣球

小丑

聚光燈

 火焰

舞者

魔術

獅子

## Jentle Ink 四季彩

※四季彩墨水已於2017年時改版為
「SHIKIORI 四季織：十六夜之夢」。

50ml・16色・1,080日圓（含稅）
瓶身尺寸：約65.5W×50H×65.5Dmm
外盒尺寸：約66W×52H×66Dmm

| | | | |
|---|---|---|---|
| 時雨 | 蒼天 | 海松藍 | 雪明 |
| 山鳥 | 常盤松 | 若鶯 | 金木犀 |
| 圍爐裏 | 櫻森 | 奧山 | 藤姿 |
| 匂菫 | 利休茶 | 仲秋 | 土用 |

# 墨水顏色型錄

依照顏色排列鋼筆墨水後，可以凸顯各個品牌微妙的色調差異。讓我們以濃淡變化感受常用墨水的個性，發掘更進一步的魅力。

No Ink,
No Life!

為鋼筆墨水如痴如醉！

COLOR
SELECTION

BLUE BLACK

【藍黑】

百利金（Pelikan）和白金牌（PLATINUM）生產的是傳統配方的藍黑鐵膽墨水。

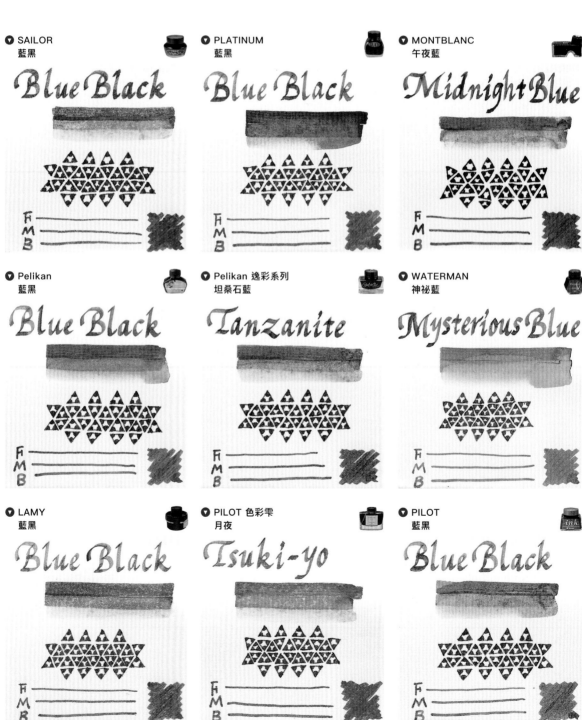

GRAF VON FABER-CASTELL
鈷藍
Cobalt Blue

LAMY
藍
Blue

SAILOR Jentle Ink 四季彩
蒼天
Souten

Pelikan 逸彩系列
藍寶石
Sapphire

VISCONTI
藍
Blue

CARAN D'ACHE
詩歌藍
Idyllic Blue

MONTBLANC
皇家藍
Royal Blue

OMAS
藍
Blue

PILOT
藍
Blue

STAEDTLER PREMIUM系列
皇家藍
Royal Blue

PARKER
藍
Blue

Pelikan
皇家藍
Royal Blue

BLUE
【藍】
許多廠商將藍色墨水列為常態墨水產品。一起來探究自己喜好的顏色吧。

【綠】

綠色墨水中有偏藍到偏黃等多種色調，可以享受季節感。

## PILOT 色彩雫
深綠

*Shin-ryoku*

## MONTBLANC
愛爾蘭綠

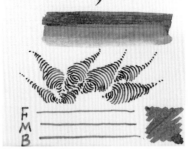
*Irish Green*

## SAILOR Jentle Ink 四季彩
常盤松

*Tokiwa-Matsu*

## WATERMAN
綠

*Green*

## CARAN D'ACHE
鮮明綠

*Vibrant Green*

## GRAF VON FABER-CASTELL
青苔綠

*Moss Green*

## DELTA
綠

*Green*

## LAMY
綠

*Green*

## Pelikan 逸彩系列
沙金石綠

*Aventurine*

## Rohrer & Klingner
翡翠綠

*ViridianGreen*

## Pelikan
綠

*Green*

## J. Herbin
野生長春藤綠

*Lierre Sauvage*

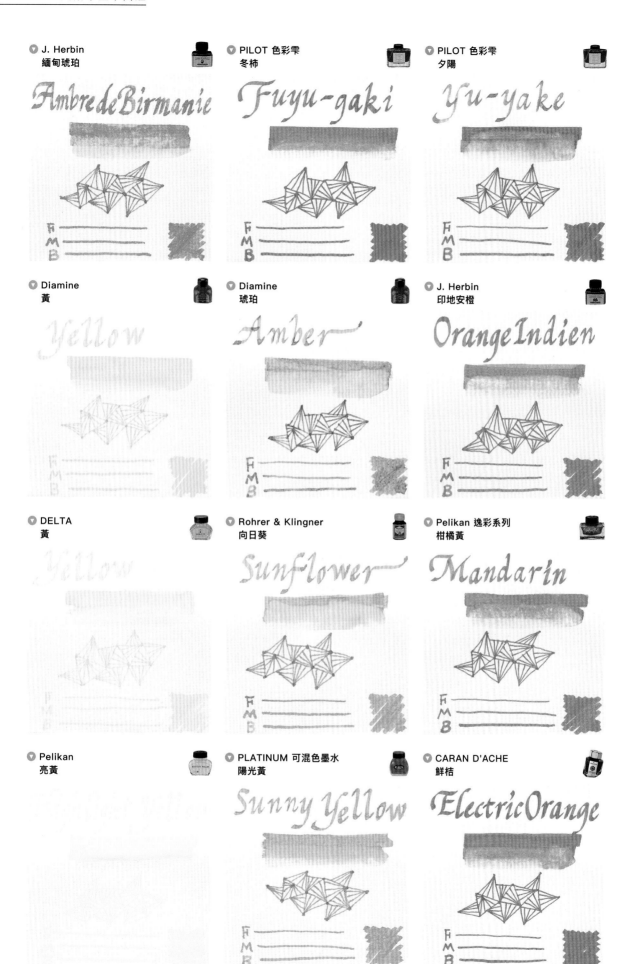

J. Herbin
緬甸琥珀

PILOT 色彩雫
冬柿

PILOT 色彩雫
夕陽

Diamine
黃

Diamine
琥珀

J. Herbin
印地安橙

DELTA
黃

Rohrer & Klingner
向日葵

Pelikan 逸彩系列
柑橘黃

Pelikan
亮黃

PLATINUM 可混色墨水
陽光黃

CARAN D'ACHE
鮮桔

YELLOW~ORANGE

【黃~橙】

有許多人在作筆記時使用這種顏色，將紙張點綴得非常華美。

從適合日常使用的沉穩色調，到適合批改文件的飽和色彩，各種紅色應有盡有。

**VISCONTI**
紅
Red

**WATERMAN**
紅
Red

**PLATINUM**
紅
Red

**Kaweco**
紅
Red

**J. Herbin**
角豆紅
Rouge Caroubier

**LAMY**
紅
Red

**Diamine**
野莓紅
Wild Strawberry

**OMAS**
紅
Red

**PILOT**
紅
Red

**DELTA**
紅
Red

**Pelikan 逸彩系列**
紅寶石
Ruby

**Pelikan**
紅
Red

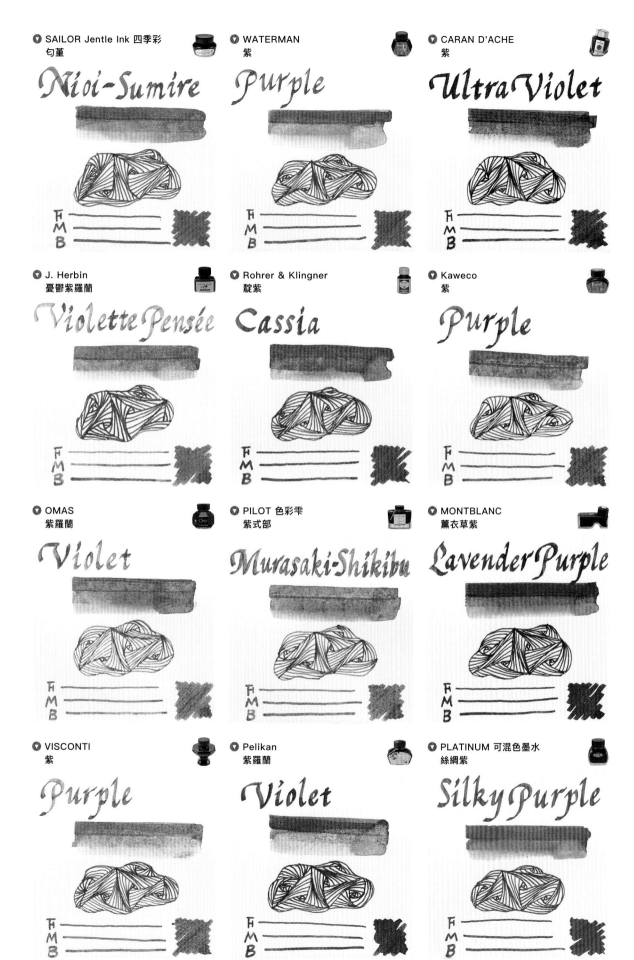

SAILOR Jentle Ink 四季彩
匂菫
*Nioi-Sumire*

WATERMAN
紫
*Purple*

CARAN D'ACHE
紫
*Ultra Violet*

J. Herbin
憂鬱紫羅蘭
*Violette Pensée*

Rohrer & Klingner
靛紫
*Cassia*

Kaweco
紫
*Purple*

OMAS
紫羅蘭
*Violet*

PILOT 色彩雫
紫式部
*Murasaki-Shikibu*

MONTBLANC
薰衣草紫
*Lavender Purple*

VISCONTI
紫
*Purple*

Pelikan
紫羅蘭
*Violet*

PLATINUM 可混色墨水
絲綢紫
*Silky Purple*

**PURPLE**

【紫】

有色調清爽，也有深邃神祕，讓人陶醉在優美的墨水顏色中。

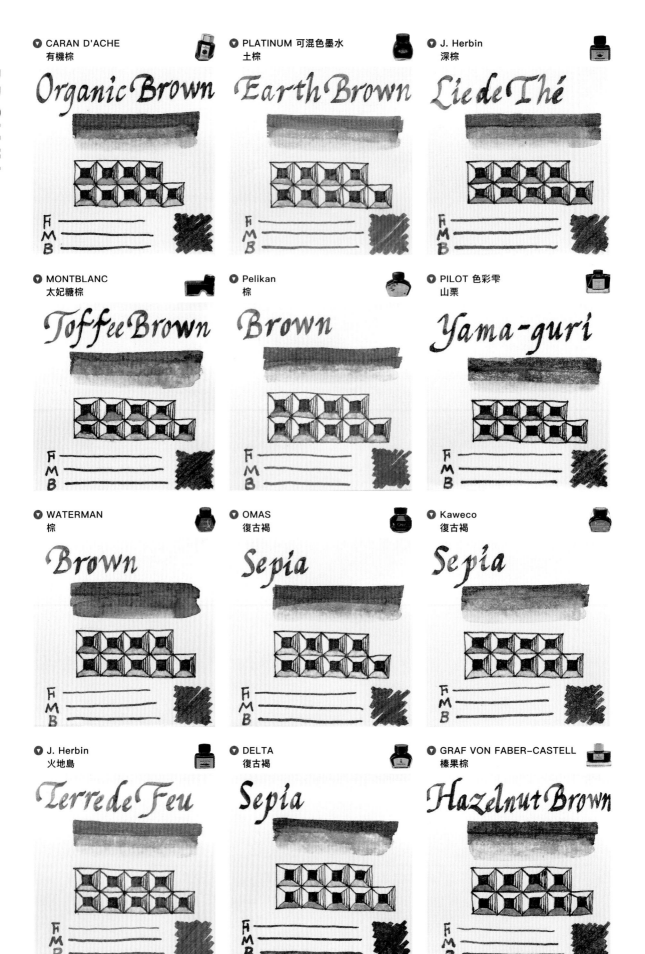

BROWN

【棕】 棕色墨水特別能讓人感受濃淡變化的樂趣，而且有一種古典的氣息。

CARAN D'ACHE
有機棕
Organic Brown

PLATINUM 可混色墨水
土棕
Earth Brown

J. Herbin
深棕
Lie de Thé

MONTBLANC
太妃糖棕
Toffee Brown

Pelikan
棕
Brown

PILOT 色彩雫
山栗
Yama-guri

WATERMAN
棕
Brown

OMAS
復古褐
Sepia

Kaweco
復古褐
Sepia

J. Herbin
火地島
Terre de Feu

DELTA
復古褐
Sepia

GRAF VON FABER-CASTELL
榛果棕
Hazelnut Brown

**GRAY【灰】**

灰色墨水有著比黑色柔和、溫暖的色調，可以配合用途選用暖色系或冷色系墨水。

### J. Herbin 雲灰

*Gris Nuage*

### PILOT 色彩雫 冬將軍
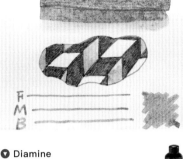
*Fuyu-Syogun*

### CARAN D'ACHE 極致灰

*Infinite Grey*

### PILOT 色彩雫 霧雨
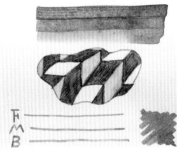
*Kiri-Same*

### Diamine 灰
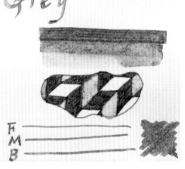
*Grey*

### MONTBLANC 牡蠣灰

*Oyster Grey*

### OMAS 灰
*Grey*

### Jansen 柴可夫斯基
*Pjotr Iljitsch Tschaikowski*

### GRAF VON FABER-CASTELL 岩石灰

*Stone Grey*

### SAILOR Jentle Ink 四季彩 土用

*Doyou*

### PLATINUM 可混色墨水 煙霧黑

*Smoke Black*

### Jansen 歌德

*Johann Wolfgang Von Goethe*

# 原廠鋼筆墨水 從筆跡挑選

鋼筆墨水基本上要選購和鋼筆同一個品牌。首先要從正廠墨水中找尋有沒有自己喜好的顏色。然而有些時候，墨水的顏色會隨鋼筆字幅不同，使得濃淡變化的方式改變，給人造成不同的印象。我們最好能從與想要使用的字幅相近的筆跡裡，配合自己的想像，選擇各有不同樣貌的墨水顏色。

## contents

### 各書寫範例閱讀法

墨水液體顏色（為了攝影稀釋1.5～5倍）

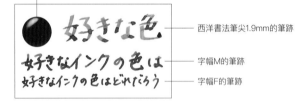

西洋書法筆尖1.9mm的筆跡

字幅M的筆跡

字幅F的筆跡

---

1. 鋼筆用瓶裝墨水 50ml・1,080日圓（含稅）
2. （顏料）50ml・2,160日圓（含稅）
3. STORiA（顏料）30ml・1,620日圓（含稅）/20ml・1,080日圓（含稅）
4. SHIKIORI（四季織）20ml・1,080日圓（含稅）
※各標示墨水顏色、規格、包裝與價格等為2018年9月之報導資訊，現今可能已有所不同，購買前請先與店家確認。

# SAILOR
寫樂

▼ 鋼筆用瓶裝墨水

藍黑

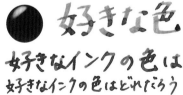

藍

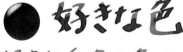

黑

▼ 顏料

蒼墨

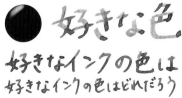

青墨

極黑

● STORiA

### 夜晚

### 小丑

### 火焰

### 魔術

### 氣球

### 聚光燈

### 舞者

### 獅子

▼ SHIKIORI（四季織）／ 月夜水面

### 霜夜

### 夜長
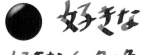

### 夜焚

### 夜櫻

▼ SHIKIORI（四季織）／ 十六夜之夢

### 時雨

### 山鳥

### 利休茶

### 奥山

### 匂菫

### 海松藍

### 金木犀

### 藤姿

### 蒼天

### 常盤松

### 圍爐裏

### 仲秋

### 雪明

### 若鶯

### 櫻森

### 土用
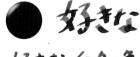

# PILOT

百樂

1. 一般書寫用 30ml · 432日圓（含稅）／70ml ·
   1,080日圓（含稅）／350ml · 1,620日圓（含稅）
2. iroshizuku（色彩雫） 50ml · 1,620日圓（含稅）
※各標示墨水顏色、規格、包裝與價格等為2018年9
月之報導資訊，現今可能已有所不同，購買前請先與
店家確認。

▼ 一般書寫用

| 藍黑 | 藍 | 紅 | 黑 |
|---|---|---|---|
| 好き | 好き | 好き | 好き |
| 好きなインク | 好きなインク | 好きなインク | 好きなインク |
| 好きなインクの色 | 好きなインクの色 | 好きなインクの色 | 好きなインクの色 |

▼ iroshizuku（色彩雫）

**深海**

好きなインクの色
好きなインクの色はどれ

**天色**

好きなインクの色
好きなインクの色はどれ

**冬柿**

好きなインクの色
好きなインクの色はどれ

**紫式部**

好きなインクの色
好きなインクの色はどれ

**月夜**

好きなインクの色
好きなインクの色はどれ

**孔雀**

好きなインクの色
好きなインクの色はどれ

**夕燒**

好きなインクの色
好きなインクの色はどれ

**土筆**
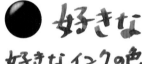
好きなインクの色
好きなインクの色はどれ

**朝顔**

好きなインクの色
好きなインクの色はどれ

**松露**

好きなインクの色
好きなインクの色はどれ

**紅葉**

好きなインクの色
好きなインクの色はどれ

**山栗**

好きなインクの色
好きなインクの色はどれ

**紫陽花**

好きなインクの色
好きなインクの色はどれ

**深綠**

好きなインクの色
好きなインクの色はどれ

**秋櫻**

好きなインクの色
好きなインクの色はどれ

**冬將軍**

好きなインクの色
好きなインクの色はどれ

**露草**

好きなインクの色
好きなインクの色はどれ

**竹林**

好きなインクの色
好きなインクの色はどれ

**躑躅**

好きなインクの色
好きなインクの色はどれ

**霧雨**

好きなインクの色
好きなインクの色はどれ

**紺碧**

好きなインクの色
好きなインクの色はどれ

**稻穗**

好きなインクの色
好きなインクの色はどれ

**山葡萄**

好きなインクの色
好きなインクの色はどれ

**竹炭**
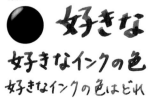
好きなインクの色
好きなインクの色はどれ

# PLATINUM

白金牌鋼筆

1. 鋼筆用墨水 60ml・1,296日圓（含稅）
2. 水性顏料墨水 60ml・1,620日圓（含稅）
3. 可混色墨水 60ml・1,296日圓（含稅）／20ml・1,080日圓（含稅）
4. 古典墨水 60ml・2,160日圓（含稅）
※各標示墨水顏色、規格、包裝與價格等為2018年9月之報導資訊，現今可能已有所不同，購買前請先與店家確認。

▼ 鋼筆用墨水

藍黑

好きなインクの色
好きなインクの色はどれ

紅
好きな
好きなインクの色
好きなインクの色はどれ

黑
好きな
好きなインクの色
好きなインクの色はどれ

▼ 水性顏料墨水

顏料藍
好きな
好きなインクの色
好きなインクの色はどれ

玫瑰紅

好きなインクの色
好きなインクの色はどれ

復古褐
好きな
好きなインクの色
好きなインクの色はどれ

碳素黑
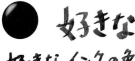
好きなインクの色
好きなインクの色はどれ

▼ 可混色墨水

極光藍
好きな色
好きなインクの色は
好きなインクの色はどれだろう

陽光黃
好きな色
好きなインクの色は
好きなインクの色はどれだろう

絲綢紫
好きな色
好きなインクの色は
好きなインクの色はどれだろう

水藍

好きなインクの色は
好きなインクの色はどれだろう

火紅
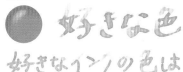
好きなインクの色は
好きなインクの色はどれだろう

土棕
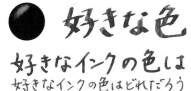
好きなインクの色は
好きなインクの色はどれだろう

葉綠

好きなインクの色は
好きなインクの色はどれだろう

仙客來粉紅

好きなインクの色は
好きなインクの色はどれだろう

煙霧黑

好きなインクの色は
好きなインクの色はどれだろう

▼ 古典墨水

柑橘黑

好きなインクの色は
好きなインクの色はどれだろう

黑醋栗黑

好きなインクの色は
好きなインクの色はどれだろう

卡其黑

好きなインクの色は
好きなインクの色はどれだろう

森林黑

好きなインクの色は
好きなインクの色はどれだろう

薰衣草黑

好きなインクの色は
好きなインクの色はどれだろう

古褐黑
好きな色
好きなインクの色は
好きなインクの色はどれだろう

# Pelikan

百利金

藍黑

好きな

好きなインクの色
好きなインクの色はどれ

綠松石藍

好きな

好きなインクの色
好きなインクの色はどれ

紫羅蘭

好きな

好きなインクの色
好きなインクの色はどれ

皇家藍

好きな

好きなインクの色
好きなインクの色はどれ

墨綠

好きな

好きなインクの色
好きなインクの色はどれ

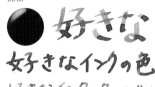

深棕

好きな

好きなインクの色
好きなインクの色はどれ

1
2
3

1. 4001 62.5ml，1,080日圓（含稅）
2. 螢光墨水30ml，1,080日圓（含稅）
3. 逸彩墨水50ml，2,700日圓（含稅）
※各標示墨水顏色、規格、包裝與價格
等為2018年9月之報導資訊，現今可能
已有所不同，購買前請先與店家確認。

● 螢光墨水

螢光綠

好きな

好きなインクの色
好きなインクの色はどれ

紅

好きな

好きなインクの色
好きなインクの色はどれ

黑

好きな

好きなインクの色
好きなインクの色はどれ

螢光黃

好きな

好きなインクの色
好きなインクの色はどれ

● 逸彩墨水

藍寶石

好きな

好きなインクの色
好きなインクの色はどれ

翡翠綠

好きな

好きなインクの色
好きなインクの色はどれ

柑橘黃

好きな

好きなインクの色
好きなインクの色はどれ

坦桑石藍

好きな

好きなインクの色
好きなインクの色はどれ

黃晶藍

好きな

好きなインクの色
好きなインクの色はどれ

沙金石綠

好きな

好きなインクの色
好きなインクの色はどれ

瑪瑙黑

好きな

好きなインクの色
好きなインクの色はどれ

藍黑

好きな

好きなインクの色
好きなインクの色はどれ

綠松石藍

好きな

好きなインクの色
好きなインクの色はどれ

# LAMY

LAMY

50ml，1,404日圓（含稅）
※各標示墨水顏色、規格、包裝與價格
等為2018年9月之報導資訊，現今可能
已有所不同，購買前請先與店家確認。

藍

好きな

好きなインクの色
好きなインクの色はどれ

綠

好きな

好きなインクの色
好きなインクの色はどれ

紅

好きな

好きなインクの色
好きなインクの色はどれ

黑

好きな

好きなインクの色
好きなインクの色はどれ

1. 瓶裝墨水（基本款） 60ml · 2,160日圓（含稅）
2. Permanent Ink 60ml · 3,240日圓（含稅）
※各標示墨水顏色、規格、包裝與價格等為2018年9月之報導資訊，現今可能已有所不同，購買前請先與店家確認。

# MONTBLANC
萬寶龍

▼ 瓶裝墨水（基本款）

午夜藍
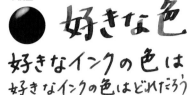

勃艮第酒紅
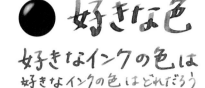

罌粟紅
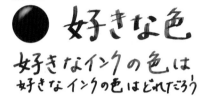

皇家藍

薰衣草紫
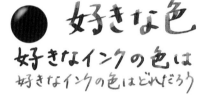

牡蠣灰
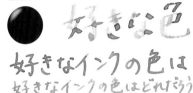

愛爾蘭綠
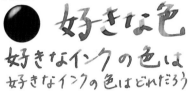

太妃糖棕

神祕黑

▼ Permanent Ink

永恆藍
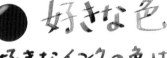

永恆黑

# WATERMAN
水人

50ml · 1,296日圓（含稅）
※各標示墨水顏色、規格、包裝與價格等為2018年9月之報導資訊，現今可能已有所不同，購買前請先與店家確認。

土耳其藍

紫

神祕藍
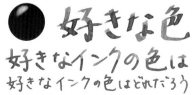

綠
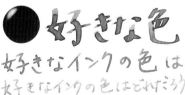

棕
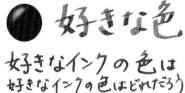

靜謐藍
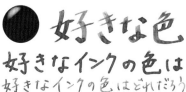

紅
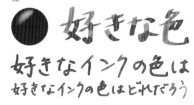

黑

# GRAF VON FABER-CASTELL

輝柏伯爵典藏系列

75ml · 3,888日圓（含稅）
※各標示墨水顏色、規格、包裝與價格等為2018年9月之報導資訊，現今可能已有所不同，購買前請先與店家確認。

午夜藍
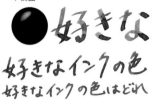

深海綠

皇家藍

青苔綠

印度紅

干邑棕

鈷藍

蝮蛇綠

石榴紅

榛果棕

海灣藍

橄欖綠

鮮粉紅

岩石灰

綠松石藍

火燒橙

紫羅蘭

碳素黑

# VISCONTI

VISCONTI

60ml · 2,970日圓（含稅）
※各標示墨水顏色、規格、包裝與價格等為2018年9月之報導資訊，現今可能已有所不同，購買前請先與店家確認。

藍

綠

綠松石藍

紅

復古褐
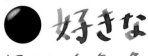

黑

Chromatics Inkredible Colors
瓶裝墨水
50ml · 4,320日圓（含稅）
※各標示墨水顏色、規格、包裝與價格等為2018年9月之報導資訊，現今可能已有所不同，購買前請先與店家確認。

# CARAN D'ACHE

卡達

▼ Chromatics Inkredible Colors

磁性藍

鮮明綠

紅

有機棕

詩歌藍

雅緻綠

神祕桃紅

極致灰
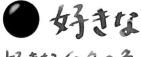

碧綠藍

鮮桔
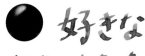

紫

宇宙黑

藍黑

綠

# Kaweco

Kaweco

30ml · 1,944日圓（含稅）
※各標示墨水顏色、規格、包裝與價格等為2018年9月之報導資訊，現今可能已有所不同，購買前請先與店家確認。

藍

橙

紫

灰
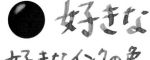

綠松石藍

紅

復古褐

黑

rencontrer
邂∞逅
004

# 古董鋼筆典藏特輯

作　　者／《賞味文具》編輯部
譯　　者／陳妍雯、陳宛頻、許芳瑋、梁雅筑、鄭維欣
編　　輯／林羿媜
版權專員／顏慧儀
行銷企劃／林羿媜
封面設計／萬勝安
內頁排版／林佩樺、張福海

發 行 人／何飛鵬
總 經 理／黃淑貞
總　　監／楊秀真
法律顧問／元禾法律事務所 王子文律師
出　　版／華雲數位股份有限公司
台北市104民生東路二段141號7樓
電話：（02）2500-7008・傳真：（02）2500-7759
email：jabook_service@hmg.com.tw
發　　行／英屬蓋曼群島商家庭傳媒股份有限公司城邦分公司
台北市中山區民生東路二段 141 號 11 樓
書虫客服服務專線：
（02） 2500-7718 / （02） 2500-7719
24小時傳真服務：
（02） 2500-1990 / （02） 2500-1991
讀者服務信箱E-mail: service@readingclub.com.tw
服務時間：
週一至週五上午9:30～12:00，下午13:30～17:00
劃撥帳號：19863813　戶名：書虫股份有限公司
城邦讀書花園網址：www.cite.com.tw
香港發行所／城邦（香港）出版集團有限公司
E-mail:hkcite@biznetvigator.com
電話：（852）2508-6231・傳真：（852）2578-9337
馬新發行所／城邦（馬新）出版集團【Cite（M）Sdn.Bhd.】
41, Jalan Radin Anum, Bandar Baru Sri Petaling, 57000
Kuala Lumpur, Malaysia.
電話：（603）9057-8833・傳真：（603）9057-6622
印　　刷／高典印刷有限公司
電話：（02）2222-5590・傳真：（02）2222-5970

出版日期：2019年（民108）11月26日
售價：999元

ISBN 978-986-95799-8-8

古董鋼筆典藏特輯/《賞味文具》編輯部著；陳妍雯等譯. -- 臺北市：華雲數位出版：家庭傳媒城邦分公司發行, 民108.11
176面；21×28.5公分. -- (rencontrer邂逅；4)
ISBN 978-986-95799-8-8(精裝)

1.鋼筆

479.96　　108016013

copyright ©2017 EI publishing Ltd., Tokyo, Japan
All rights reserved.
趣味の文具箱 Chinese language edition in R. O. C. (Taiwan) published by 華雲數位股份有限公司 under license from EI publishing Ltd.

版權所有，未經書面同意不得以任何方式作全面或局部翻印、仿製或轉載。

賞味文具
欣賞文具之美，品味質感生活
STATIONERY LIFE

本書內容來源為日本知名文具雜誌《趣味の文具箱》。《趣味の文具箱》雜誌之繁體中文精華版電子雜誌《賞味文具》，由華雲數位製作、發行。每月10日於各大電子書平台上架。